能源与电力分析年度报告系列

U0155231

2020

中国新能源发电
分析报告

国网能源研究院有限公司　编著

中国电力出版社
CHINA ELECTRIC POWER PRESS

内 容 提 要

《中国新能源发电分析报告》是能源与电力分析年度报告系列之一。本报告围绕 2019 年我国新能源开发建设、运行消纳及交易、发电技术和装备、发电经济性、产业政策等进行了全面分析和总结,并对国外新能源发电发展、国内新能源消纳形势和国内中长期新能源发电发展进行了分析和展望。另外,本报告还开展了新能源发电的专题研究,并提供了一些国内外能源相关统计机构发布的最新数据以作参考。

本报告适合国家能源政策制定者、能源电力行业从业者及科研工作者参考使用。

图书在版编目(CIP)数据

中国新能源发电分析报告 . 2020/国网能源研究院有限公司编著 . —北京:中国电力出版社,2020.7
(能源与电力分析年度报告系列)
ISBN 978 - 7 - 5198 - 4769 - 2

Ⅰ.①中… Ⅱ.①国… Ⅲ.①新能源—发电—研究报告—中国—2020 Ⅳ.①TM61

中国版本图书馆 CIP 数据核字(2020)第 116617 号

审图号:GS(2020)3861 号

出版发行:中国电力出版社
地   址:北京市东城区北京站西街 19 号(邮政编码 100005)
网   址:http://www.cepp.sgcc.com.cn
责任编辑:刘汝青(010-63412382) 贾丹丹
责任校对:黄 蓓 郝军燕
装帧设计:赵姗姗
责任印制:吴 迪

印   刷:北京瑞禾彩色印刷有限公司
版   次:2020 年 7 月第一版
印   次:2020 年 7 月北京第一次印刷
开   本:787 毫米×1092 毫米 16 开本
印   张:8.75
字   数:116 千字
印   数:0001—2000 册
定   价:88.00 元

前　言
PREFACE

当前，我国能源转型正加速推进，大力发展新能源已成为顺应我国能源生产和消费革命的发展方向。随着国家开始逐步调整新能源相关政策和管理机制，包括试点平价上网项目、进一步下调新能源固定上网电价、鼓励新能源参与市场等，新能源发展面临新的变化。基于此，持续跟踪分析和研判我国新能源发展趋势，并对我国新能源领域热点问题开展专题分析，有助于全面把握新能源的发展态势，可为政府部门、电力企业和社会各界提供有价值的决策参考。

《中国新能源发电分析报告》是国网能源研究院有限公司（简称"国网能源院"）推出的"能源与电力分析年度报告系列"之一，自 2010 年以来，已经连续出版了 10 年，今年是第 11 年。本报告中重点关注中国新能源发电项目开发与建设、并网运行消纳、技术创新、发电成本、政策法规等热点问题，并进行了重点分析，在其研究的基础上，对未来国内外新能源发电发展趋势进行了展望。本报告研究内容与本年度其他年度报告相辅相成，互为补充。本报告采用国内外能源相关统计机构发布的最新数据，主要数据来自中国电力企业联合会、中国可再生能源学会风能专委会、中国光伏行业协会、国家电网有限公司、国际可再生能源署（IRENA）、彭博新能源财经（BNEF）等。

本报告共分为 7 章。第 1 章为中国新能源开发建设，主要分析了中国新能源开发规模、布局和新能源配套电网工程建设情况；第 2 章为新能源运行消纳及交易情况，在延续往年分析年度新能源运行利用和消纳情况的基础上，增加了对新能源参与市场化交易情况的分析；第 3 章为新能源发电技术和装备，梳理总结了新能源发电技术和装备的最新发展情况；第4章为新能源发电经济性，从初始投资成本以及其他影响发电成本的因素两大方面分析了风电、太阳能发电的经济性，构建全国新能源发电度电成本地图，并预判未来成本变化趋势；第5章为新能源产业政策，梳理了中国2019年最新出台的新能源产业政策；第6章为新能源发展及消纳形势展望，展望世界及中国新能源发电发展趋势；第7章为新能源发电专题研究，选取本年度新能源发电领域4个热点问题，进行深入分析解读。

本报告概述部分由叶小宁、王彩霞主笔；第1章由叶小宁主笔；第2章由叶小宁、雷雪姣主笔；第3章由国网能源院陈宁与中国能源研究会可再生能源专业委员会王卫权、李丹、马丽芳共同主笔；第4章由时智勇、陈宁主笔；第5章由李梓仟主笔；第6章由王彩霞主笔；第7章由叶小宁、李梓仟、袁伟、时智勇主笔；附录由叶小宁主笔。全书由李琼慧、王彩霞、叶小宁统稿，袁伟校稿。

在本报告的编写过程中，得到了中国能源研究会可再生能源专业委员会以及业内知名专家的大力支持，在此表示衷心感谢！

限于作者水平，虽然对书稿进行了反复研究推敲，但难免仍会存在疏漏与不足之处，恳请读者谅解并批评指正！

编著者

2020年6月

目 录
CONTENTS

概　　述

2019 年是中国新能源发展比较有代表性的一年，不仅有量的提升，也有质的变化。编写组对中国新能源发电❶项目开发与建设、并网运行及利用、发电技术创新、发电经济性、政策法规等进行了分析研究，并结合 2019 年该领域热点问题开展专题分析，研判中国新能源发电趋势。

（一）2019 年新能源发展评述

新能源发电持续快速增长，全国新能源发电装机容量突破 4 亿 kW。截至 2019 年底，我国新能源发电累计装机容量达 4.1 亿 kW，同比增长 16％，占全国总装机容量的比重达到 20.6％。10 个省份新能源发电装机容量占比超过 25％。新能源发电新增装机容量为 5610 万 kW，占全国电源总新增装机容量一半以上，达到 58％。21 个省份新能源发电成为第一、第二大电源。风电装机规模持续提升，太阳能发电装机规模保持稳步增长。海上风电累计装机容量快速提升，提前一年完成国家"十三五"规划目标。分布式光伏发电累计装机规模突破 6000 万 kW。

新能源消纳持续改善，新能源发电量和占比持续提升。2019 年，我国新能源发电量为 6302 亿 kW·h，同比增长 16％，占总发电量的 8.6％，同比提高 0.8 个百分点。9 个省份新能源发电量占用电量比例超过 15％。新能源弃电量不断降低，新能源利用率持续提升。2019 年，我国新能源利用水平不断提升，新能源利用率达到 96.7％，提前一年实现新能源利用率 95％以上的目标。

新能源发电技术取得新进展。陆上风电单机容量持续增加，风电设备自主研发水平和制造水平持续上升，为全球风电技术的进步和设备成本的下降奠定了基础；海上风电 5MW 机组已经成为我国海上风电招标的主流机型，7MW 机组已实现商业运行，10MW 机组正在加快国产化进程。我国晶硅电池片转换效率处于世界领先水平，2019 年规模化生产的单晶、多晶电池平均转换效率分

---

❶ 如无特殊说明，本报告中的新能源发电统计数据仅含风电、太阳能发电，下同。

别达到 22.3％和 19.3％；电池组件功率有所增加，未来各类电池组件功率的年增速可实现 5W 以上。国内农林生物质锅炉设备在全球处于领跑水平，生活垃圾焚烧炉处于全球并跑水平，生物质直燃发电汽轮机组方面处于全球跟跑水平。

风电、太阳能发电成本进一步下降，呈现区域性特征。在政策驱动下，新能源总体投资成本呈现下降趋势。2019 年我国陆上风电度电成本为 0.315～0.565元/（kW·h），平均度电成本为 0.393 元/（kW·h）。东北、华北、西北（三北）地区仍为我国陆上风电开发成本洼地，南方部分省份风电成本优势逐渐显现，中东部地区陆上风电度电成本逐步接近"三北"地区。我国光伏发电度电成本为 0.290～0.800 元/（kW·h），平均度电成本为 0.389 元/（kW·h）。西部地区光伏发电度电成本全国最低，中东部地区光优发电度电成本相对较高。

新能源产业政策出现重大调整，以逐步实现平价、推动高质量发展为导向。2019 年政府部门出台了一系列新能源产业政策，内容涉及年度规模管理、项目建设管理、运行消纳、价格补贴等环节。政策以完善项目规划建设、加速新能源补贴退坡、推进新能源平价上网、建立新能源消纳保障机制为重点，推动新能源由高速发展向高质量发展转变。

（二）2020－2021 年新能源发展预测

2020－2021 年，受新能源资源、装机容量增长以及新冠肺炎疫情导致电力需求下降等因素共同影响，新能源消纳难度加大。一是系统调节能力短期难以大幅提升；二是后补贴时代可能迎来新一轮抢装潮；三是跨省跨区新能源交易组织难度加大。

根据新能源消纳能力初步测算，2020 年全国新能源利用率整体可以保持95％以上，但个别省区面临较大压力。预计甘肃、新疆新能源利用率仍低于95％，但均较 2019 年有所提升；冀北、山西、青海受新增装机规模可能较大等因素影响，新能源利用率可能低于 95％。随着全社会用电量的稳步提高，预计**2021 年**新疆、西藏、冀北新能源消纳矛盾逐步缓解；受 2020 年底风电大规模抢装（新增并网需求超过 1000 万 kW）影响，山西、河南新能源利用率将分别下降到 93.0%、93.7%。

（三）新能源发展专题研究

从国家可再生能源补贴管理政策调整的趋势来看，总体是积极推动新能源健康可持续发展，确保新增项目的收益，并为尽快解决可再生能源补贴拖欠难题指明了方向。新的补贴管理机制建立后，随着以收定支、新增项目不新欠以及合规项目纳入补贴清单等措施的落地，可再生能源发电项目将具有稳定的收益，为彻底解决可再生能源补贴资金拖欠问题提供了保障。

2019 年，全国非水电可再生能源消纳责任权重完成情况总体良好，21 个省份完成了非水电可再生能源最低消纳责任权重指标。 2019 年全国非水电可再生能源消纳量 7388 亿 kW·h，占全社会用电量比重为 10.2%。21 个省份完成了非水电可再生能源最低消纳责任权重，但仍有 9 个省份未完成最低消纳责任权重指标。2020 年可再生能源电力消纳责任权重指标已正式下发，内蒙古、新疆、甘肃等送端省下调了消纳责任权重指标，山东、安徽、河南等受端省上调了消纳责任权重指标。2019 年对承担消纳责任的市场主体只是试考核，自 2020 年起全面进行监测评价和正式考核，将进一步发挥可再生能源电力消纳保障机制对新能源消纳的促进作用。

各类新能源市场化交易对降低新能源弃电率、促进新能源消纳发挥了较好作用。 结合我国电力市场建设，下一步应重点完善我国调峰辅助服务市场机制与新能源跨省区市场化交易机制，进一步发挥电力市场提升新能源消纳能力的作用。一是完善调峰辅助服务市场机制，并做好与现货市场设计衔接，激励各类资源共同为提升系统灵活调节能力做贡献；二是完善新能源跨省区交易机制，逐步建立相互开放、跨省区的统一市场机制，促进新能源在更大范围消纳。

编制省级可再生能源电力消纳保障实施方案是各省落实可再生能源电力消纳保障机制重点工作之一， 对于省内各消纳责任主体的可再生能源电力消纳责

任权重分配，可考虑等比例、差额比例、贡献度三种分配方案。等比例分配方案操作最为简单，易于理解，适用于可再生能源电力消纳保障机制实施的初期；差额比例分配方案操作层面较等比例分配复杂，但减少了各类主体间不必要的超额消纳量等金融性产品交易，适用于可再生能源电力消纳保障机制实施的初期或中期；贡献度分配方案操作最为复杂，需要结合市场主体不同的用电特性差异化分配消纳责任权重，但该方案最能体现新能源消纳的实际物理特性，适用于可再生能源电力消纳保障机制实施较为成熟的时期。

1

新能源开发建设[1]

---

[1] 数据来源：中国电力企业联合会《2019 年全国电力工业统计快报》。

章节要点

新能源发电装机规模持续快速增长。2019 年，我国新能源发电累计装机容量达到 4.1 亿 kW，同比增长 16%，占全国总装机容量的比重达到 20.6%，新能源发电新增装机容量 5610 万 kW，占全国电源总新增装机容量一半以上，达到 58%。

新能源发电累计装机仍主要集中在"三北"地区，新增装机主要分布在消纳较好地区。截至 2019 年，"三北"地区新能源发电累计装机容量 2.3 亿 kW，占全国新能源发电装机容量的 55.6%。2019 年，88% 的新能源发电新增装机分布在利用率高于 95% 省区。

海上风电装机提前一年完成国家"十三五"规划目标。截至 2019 年，全国海上风电累计装机 593 万 kW（"十三五"规划目标为 500 万 kW），主要分布在华东地区。

分布式光伏发电累计装机规模取得新突破。2019 年，我国分布式光伏发电新增装机容量 1220 万 kW，占全部太阳能发电新增装机容量的 40%，分布式光伏累计装机容量 6263 万 kW，同比增长 24%。

持续加强新能源并网和送出工程建设。建成准东-皖南、上海庙-山东等特高压交直流工程，建成投运甘肃省河西电网加强工程、陕北风电基地 750kV 集中送出工程等 15 项提升新能源消纳能力的省内重点输电工程。

1.1 新能源发电

新能源发电装机规模持续快速增长。2019 年，我国新能源发电累计装机容量达到 4.1 亿 kW，同比增长 16%，占全国总装机容量的比重达到 20.6%，如图 1-1 所示。我国新能源发电累计装机容量连续四年位居世界第一，是排名第二位美国的 3 倍。其中，风电并网容量21 005万 kW，太阳能发电并网容量 20 472万 kW，分别占全部发电并网容量的 10.4% 和 10.2%。2019 年我国电源装机容量构成如图 1-2 所示。新能源发电新增装机容量 5610 万 kW，占全国电源总新增装机容量一半以上，达到 58%。

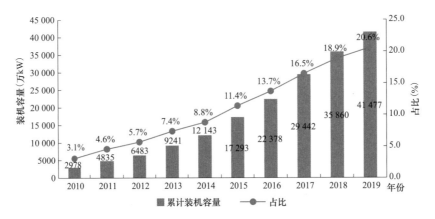

图 1-1　2010—2019 年我国新能源发电累计装机容量和占比

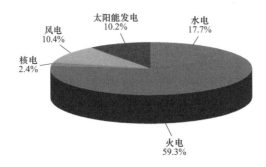

图 1-2　2019 年我国电源装机容量构成

10 个省份新能源发电装机容量占比超过 25%。截至 2019 年底，青海、甘肃、宁夏、河北等 10 个省份新能源发电装机容量占本省电源总装机容量的比例超过 25%。

21 个省份新能源发电成为第一、第二大电源。2019 年，青海、甘肃的新能源发电作为省内第一大电源继续保持领先，宁夏、河北、西藏、内蒙古、新疆、黑龙江、吉林等 19 个省份的新能源发电成为第二大电源，如表 1‑1 所示。

表 1‑1　　　　　　新能源发电成为第一、第二大电源的省份

省份	青海	甘肃	宁夏	河北	西藏	内蒙古	新疆	黑龙江	吉林	山西	江西
新能源发电装机容量占比（%）	50.0	42.2	38.4	37.4	33.8	31.3	31.3	27.3	26.6	25.3	24.2
风电装机容量（万 kW）	462	1297	1116	1639	1	3007	1956	611	557	1251	286
太阳能装机容量（万 kW）	1122	924	918	1474	110	1081	1080	274	274	1088	630

省份	陕西	辽宁	山东	安徽	河南	江苏	海南	浙江	天津	上海	
新能源发电装机容量占比（%）	23.6	21.9	21.2	20.7	19.9	19.0	18.4	15.3	11.0	7.1	
风电装机容量（万 kW）	532	832	1354	274	794	1041	29	160	60	81	
太阳能装机容量（万 kW）	939	343	1619	1254	1054	1486	140	1339	143	109	

新能源发电装机仍主要集中在"三北"地区。截至 2019 年，"三北"地区新能源发电累计装机容量 2.3 亿 kW，占全国新能源发电装机容量的 55.6%。其中，风电累计装机容量 1.3 亿 kW，占比为 60.5%，太阳能发电累计装机容量 1.0 亿 kW，占比为 50.5%。

新能源发电新增装机主要分布在消纳较好省区。2019 年，在国家新能源监测预警机制作用下，新能源布局持续优化，88% 的新能源发电新增装机分布在利用率高于 95% 省区。其中，91% 的风电新增装机分布在风电利用率高于 95% 的省区，90% 的太阳能发电新增装机分布在太阳能利用率高于 95% 的省区。

1.2　风电

风电装机规模持续提升。2019 年，全国风电新增装机容量 2574 万 kW，同比

增长 27%，风电累计装机容量 2.1 亿 kW，同比增长 14%，占全国总装机容量的 10.4%。中国风电累计装机容量是美国、德国、印度的总和，占全球的 32%。2010－2019 年我国风电新增装机容量、累计装机容量和占比情况如图 1-3 所示。

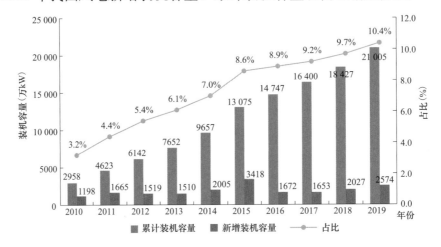

图 1-3 2010－2019 年我国风电新增装机容量、累计装机容量和占比情况

分区域看，我国风电装机主要集中分布在东北、西北和华北北部地区，东中部和南部地区装机容量较少。近几年受消纳形势影响，东中部和南部地区风电装机增速不断提高，但持续多年形成的"北多南少"的风电装机布局短期难以改变。

分省来看，我国 8 个省区风电累计并网容量超过 1000 万 kW，依次为新疆、河北、甘肃、山东、山西、宁夏、内蒙古、江苏，除江苏和山东外，其余均分布在"三北"地区，主要省区风电累计装机如表 1-2 所示。

表 1-2   主要省区风电累计装机

省区	新疆	冀北	山东	甘肃	山西	宁夏	蒙东	江苏
风电累计装机容量（万 kW）	1956	1385	1354	1297	1251	1116	1102	1041

风电新增装机逐渐向消纳较好的东中部地区❶转移。2019 年，"三北"地区风电累计装机占比较 2018 年下降 6 个百分点，东中部地区提高了 5 个百分点。

---

❶ 东中部地区包括湖北、湖南、河南、江西、四川、重庆、上海、江苏、浙江、安徽、福建。

2018、2019 年风电累计装机容量分布情况对比如图 1-4 所示。

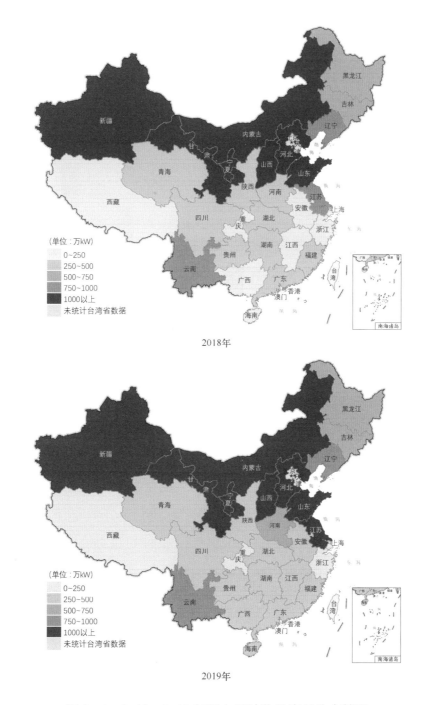

图 1-4　2018、2019 年风电累计装机容量分布情况

海上风电累计装机容量快速提升，提前一年完成国家"十三五"规划目标。截至 2019 年，全国海上风电累计装机容量 593 万 kW，主要分布在华东地区。其中，江苏海上风电装机容量 423 万 kW，占总装机容量的 71%。随着新能源补贴政策的调整以及平价政策的实施，受抢电价的影响，海上风电出现加快发展趋势。2014—2019 年全国海上风电累计装机容量如图 1‐5 所示。

图 1‐5　2014—2019 年全国海上风电累计装机容量

1.3　太阳能发电

太阳能发电装机规模保持稳步增长。2019 年，全国太阳能发电新增装机容量 3036 万 kW，同比降低 31%，太阳能发电累计装机容量 2.0 亿 kW，同比增长 17%，占全国总装机的容量 10.2%。2019 年我国太阳能新增装机规模持续保持世界第一，是美国和印度新增装机规模的总和。2010—2019 年我国太阳能发电新增装机容量、累计装机容量和占比情况如图 1‐6 所示。

分区域看，我国太阳能发电装机逐步向东中部地区转移，2019 年东中部地区太阳能发电装机占比较 2018 年提高了 3.5 个百分点，首次超过"三北"地区，2018、2019 年太阳能发电累计装机分布情况对比如图 1‐7 所示。

分省来看，我国 10 个省区太阳能发电累计装机容量超过 1000 万 kW，依次为山东、江苏、河北、浙江、安徽、青海、山西、内蒙古、河南、新疆。除青海、新疆、内蒙古 3 个省（区）外，其余均分布在东中部地区，主要省区太阳

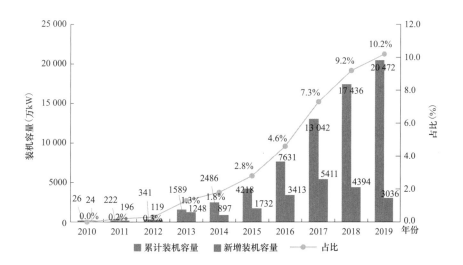

图 1-6 2010—2019 年我国太阳能发电新增装机容量、
累计装机容量和占比情况

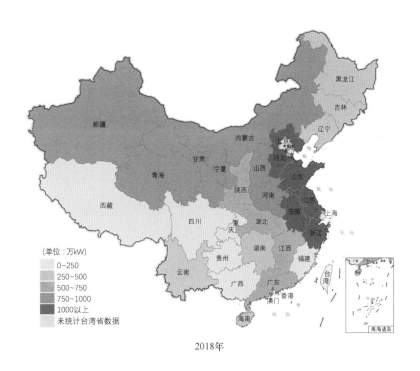

图 1-7 2018、2019 年太阳能发电累计装机容量分布情况（一）

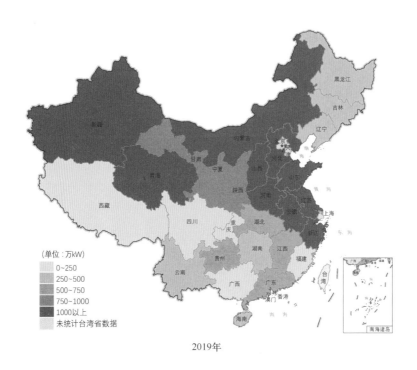

2019年

图 1-7　2018、2019 年太阳能发电累计装机容量分布情况（二）

能发电累计装机容量如表 1-3 所示。

表 1-3　　　　　　　　主要省区太阳能发电累计装机容量

省区	山东	江苏	河北	浙江	安徽	青海	山西	内蒙古	河南	新疆
太阳能发电累计装机容量（万 kW）	1619	1486	1474	1339	1254	1122	1087	1081	1054	1047

分布式光伏发电累计装机规模取得新突破。2019 年，我国分布式光伏发电新增装机容量 1220 万 kW，占全部太阳能发电新增装机容量的 40%，分布式光伏发电累计装机容量 6263 万 kW，同比增长 24%，如图 1-8 所示。其中，户用光伏发电成为分布式光伏发电发展的新生力量，全国累计纳入 2019 年国家财政补贴规模户用光伏发电项目装机容量为 531 万 kW，占全部分布式光伏发电新增装机容量的 43.5%，如图 1-9 所示。

太阳能光热发电取得新进展。2019 年，全国太阳能光热发电新增装机容量 25 万 kW，分别是鲁能海西格尔木 50MW 塔式光热电站、中电建青海共和

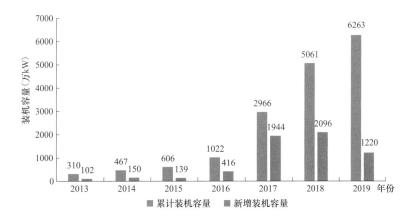

图 1-8　2013—2019 年全国分布式光伏发电累计和新增并网容量

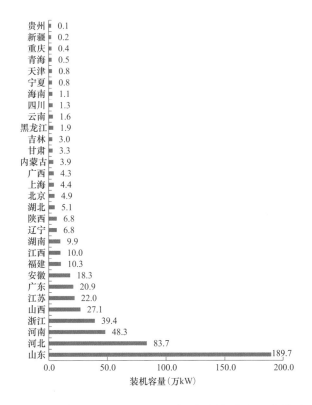

图 1-9　2019 年各省区全年纳入国家财政补贴户用光伏发电项目

50MW 塔式光热电站、中电工程哈密 50MW 塔式光热电站、兰州大成敦煌 50MW 菲涅耳光热电站和金帆能源阿克塞 50MW 熔盐槽式光热发电项目。太阳能光热累计装机容量 42 万 kW，同比增长 68%，全部集中在青海、甘肃、新疆。

1.4 其他

生物质发电产业快速发展。截至 2019 年底，全国生物质发电新增装机容量为 473 万 kW，累计装机容量达到 2254 万 kW，同比增长 26.6%。全年生物质发电量 1111 亿 kW·h，同比增长 20.4%，继续保持稳步增长势头。我国生物质发电产业体系得到快速发展，无论是农林生物质发电，还是垃圾焚烧发电，规模均居世界首位。

1.5 新能源配套电网工程建设

2019 年，我国持续加强新能源并网和送出工程建设，集中投产一批省内和跨省跨区输电工程，据不完全统计，建成准东－皖南、上海庙－山东等特高压交直流工程，建成投运甘肃省河西电网加强工程、陕北风电基地 750kV 集中送出工程等 15 项提升新能源消纳能力的省内重点输电工程，新能源大范围优化配置能力进一步提升。

（一）省内输电通道建设

甘肃省河西电网加强工程及张掖输变电工程：线路长度为 839km，工程投资 34.66 亿元，提升新能源消纳能力 660 万 kW，如图 1-10 所示。

陕北风电基地 750kV 集中送出工程：线路长度为 1269km，工程投资 60 亿元，提升新能源消纳能力 610 万 kW，如图 1-11 所示。

冀北张家口解放 500kV 输变电工程：线路长度为 48.3km，工程投资 3.8 亿元，提升新能源消纳能力 120 万 kW，如图 1-12 所示。

（二）特高压输电工程

投运准东－皖南±1100kV 特高压直流输电工程：起点新疆准东，落点安徽

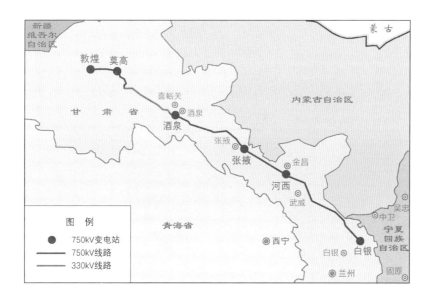

图 1-10 甘肃省河西电网加强工程及张掖输变电工程示意图

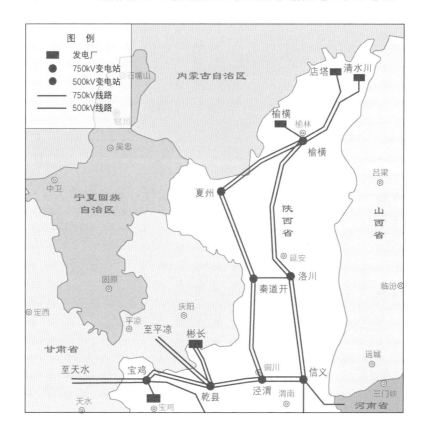

图 1-11 陕北风电基地 750kV 集中送出工程示意图

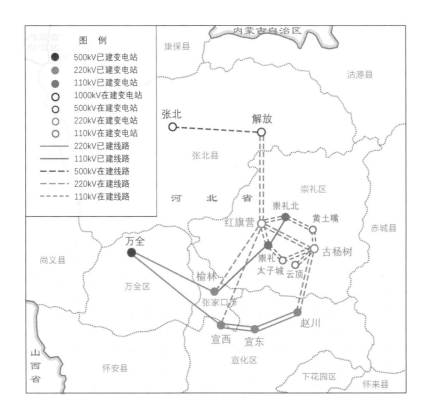

图 1-12 冀北张家口解放 500kV 输变电工程示意图

皖南，新增设计输送能力 1200 万 kW，线路全长 3324km，工程投资 407
亿元。

投运上海庙－山东±800kV 特高压直流输电工程： 起点内蒙古上海庙，落点山
东临沂，新增设计输送能力 1000 万 kW，线路全长 1238km，工程投资 221 亿元。

2

新能源运行消纳及交易

章节要点

新能源发电量和占比持续提升，利用水平不断提高。2019 年，我国新能源发电量为 6302 亿 kW·h，同比增长 16％，占总发电量的 8.6％，同比提高 0.8 个百分点，新能源弃电量为 215 亿 kW·h，利用率为 96.7％，提前一年实现新能源利用率 95％以上。其中，弃风电量为 169 亿 kW·h，同比下降 39％，利用率为 96.0％，同比提高 3.0 个百分点；弃光电量为 46 亿 kW·h，同比下降 16％，利用率为 98.0％，同比提高 1.0 个百分点。

重点省区新能源消纳持续改善。2019 年，甘肃新能源弃电量为 23.9 亿 kW·h，同比下降 63％，利用率为 93.5％，同比提升 9.3 个百分点；新疆新能源弃电量为 76.4 亿 kW·h，同比下降 40％，利用率为 87.5％，同比提升 8.8 个百分点。

新能源电力市场化交易电量稳步提升。据不完全统计，2019 年新能源省间交易电量达到 880 亿 kW·h，同比增长 21.8％。其中，"三北"地区新能源省间交易电量 633 亿 kW·h，同比增长 31.5％，占新能源省间交易电量的 75％。新能源省内市场化交易电量 571 亿 kW·h，同比增长 34％。其中，新能源与大用户直接交易电量 429 亿 kW·h，同比增长 55.3％；新能源省内发电权交易 142 亿 kW·h，下降 5.3％。

2.1 新能源运行消纳总体情况

新能源发电量和占比持续提升。2019 年，我国新能源发电量为 6302 亿 kW·h，同比增长 16％，占总发电量的 8.6％，同比提高 0.8 个百分点。2011－2019 年我国新能源发电量和占比如图 2-1 所示。

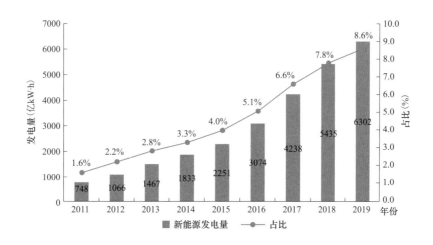

图 2-1 2011－2019 年我国新能源发电量和占比

9 个省（区）新能源发电量占用电量比例超过 15％。2019 年，内蒙古等 9 个省（区）新能源发电量占用电量的比例超过 15％，其中青海占比超过 30％。新能源发电量占用电量比例超过 15％的省（区）如表 2-1 所示。其中，蒙东、青海新能源发电量占用电量的比例与国际先进水平对比如图 2-2 所示。

表 2-1   新能源发电量占用电量比例超过 15％的省（区）

省（区）	青海	宁夏	甘肃	新疆	内蒙古	吉林	黑龙江	西藏	云南
新能源发电量（亿 kW·h）	225	300	347	538	829	154	172	13	290
占用电量比例（％）	31.4	27.7	26.9	23.1	22.8	19.8	17.3	16.7	16.0

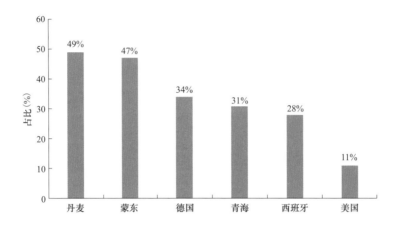

图 2-2　我国重点地区新能源发电量占用电量的比例与国际先进水平对比

新能源利用水平不断提升。2019 年，我国新能源利用水平不断提升，新能源弃电量为 215 亿 kW•h，利用率为 96.7％，提前一年实现新能源利用率 95％以上。2015－2019 年我国新能源弃电量和利用率情况如图 2-3 所示。

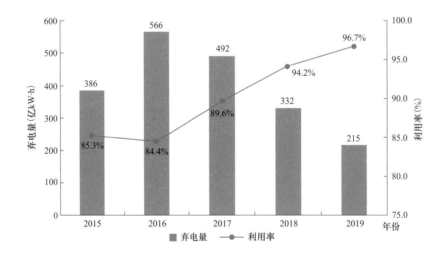

图 2-3　2015－2019 年我国新能源弃电量和利用率情况

重点省份新能源消纳持续改善。2019 年，甘肃新能源弃电量 24 亿 kW•h，同比下降 63％，利用率为 93.5％，同比提升 10 个百分点；新疆新能源弃电量 76 亿 kW•h，同比下降 41％，利用率为 87.5％，同比提升 8.8 个百分点。2014－

2019 年重点省份新能源消纳情况如图 2-4 所示。

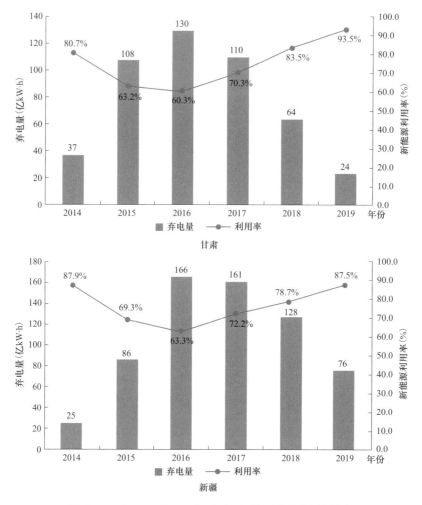

图 2-4　2014—2019 年重点省份新能源消纳情况

2.2　风电运行及消纳

风电发电量稳步增长。 2019 年，我国风电发电量为 4057 亿 kW·h，同比增长 11%，占全国总发电量的比例为 5.5%，同比提高 0.3 个百分点。2011—2019 年我国风电发电量和占比如图 2-5 所示。

"三北"地区风电发电量占全国风电发电量的 53%。 华北、西北和东北地

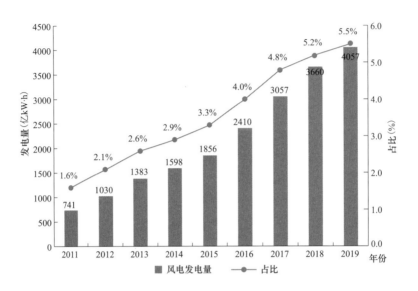

图 2-5　2011－2019 年我国风电发电量和占比

区风电发电量分别为 556 亿、957 亿、675 亿 kW·h，合计占全国风电发电量的
53％。分省份看，2019 年风电发电量排名前五位的省份依次为内蒙古、新疆、
河北、云南、甘肃。2019 年重点省份风电发电量和占本地用电量比例如图 2-6
所示。

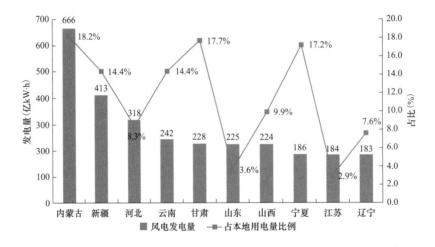

图 2-6　2019 年重点省份风电发电量和占本地用电量比例

风电设备利用小时数略有下降。2019 年，我国风电设备平均利用小时数为
2082h，同比降低 21h，主要原因是来风总体偏小。全国 8 个省份风电设备平均

利用小时数超过 2200h，如图 2-7 所示。

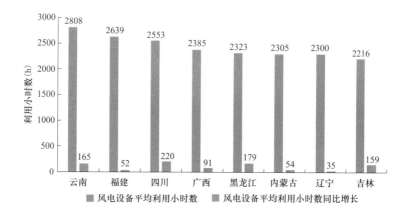

图 2-7　2019 年风电设备平均利用小时数超过 2200h 的省（区）

风电运行消纳形势明显好转。2019 年，全国弃风电量为 169 亿 kW·h，同比下降 39%，利用率为 96.0%，同比提高 3.0 个百分点。2015—2019 年我国弃风电量与利用率情况如图 2-8 所示。其中，28 个省份基本不弃风，吉林、蒙东 2 个区域风电利用率升至 95% 以上，新疆和甘肃风电利用率分别提升 8.4 和 9.7 个百分点。2016、2019 年弃风地区分布情况对比如图 2-9 所示。

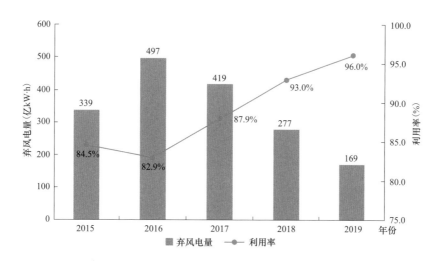

图 2-8　2015—2019 年我国弃风电量与利用率情况

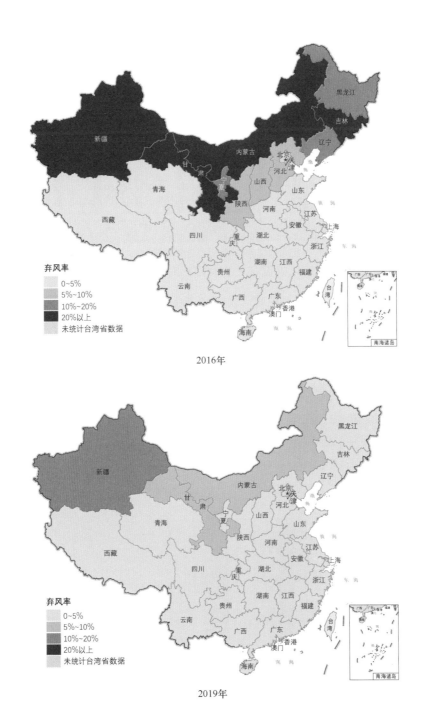

2016年

2019年

图 2-9 2016、2019 年弃风地区分布情况对比

"三北"地区风电消纳明显好转。西北地区弃风电量为 90.7 亿 kW·h，同比下降 46%，利用率为 91.3%，同比提升 7.4 个百分点；东北地区弃风电量为 14.9 亿 kW·h，同比下降 90%，利用率为 97.8%，同比提升 2.2 个百分点；华北地区弃风电量为 18.9 亿 kW·h，同比下降 10%，利用率为 97.6%，同比提升 0.4 个百分点。

2.3　太阳能发电运行及消纳

太阳能发电量大幅提升。2019 年，我国太阳能发电量为 2245 亿 kW·h，同比增长 26%，占全国总发电量的比例 3.1%，同比提高 0.6 个百分点。2011—2019 年我国太阳能发电量和占比如图 2-10 所示。

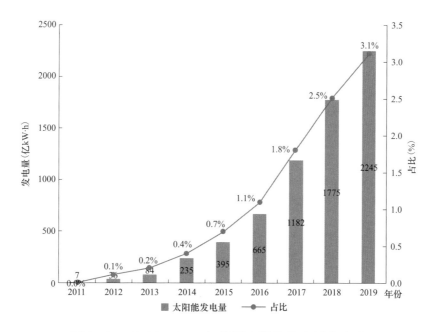

图 2-10　2011—2019 年我国太阳能发电量和占比

太阳能发电主要集中在西北、华北和华东地区。分地区看，西北地区太阳能发电量为 598 亿 kW·h，同比增长 20%，华北地区太阳能发电量为 491 亿 kW·h，同比增长 33%，华东地区太阳能发电量为 421 亿 kW·h，同比增长 23%。分省份看，2019 年太阳能发电量最多的 5 个省（区）分别是山东、青海、江苏、新疆、山西，分别为 167 亿、158 亿、154 亿、131 亿、128 亿 kW·h。

光伏发电利用小时数稳步增加。2019 年，我国光伏发电利用小时数为 1169h，同比增加 54h。全国 6 个省（区）光伏发电利用小时数超过 1400h，如图 2-11 所示。

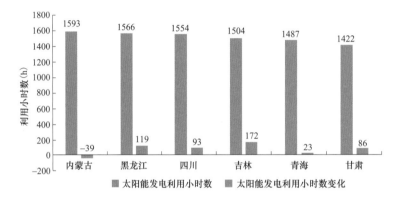

图 2-11　2019 年太阳能发电利用小时数超过 1400h 的省（区）

太阳能光伏发电运行消纳水平持续提升。2019 年，我国弃光电量为 46 亿 kW·h，同比下降 16%，利用率为 98.0%，同比提高 1.0 个百分点。2015—2019 年我国弃光电量与利用率情况如图 2-12 所示。其中，28 个省份基本不弃光，陕西

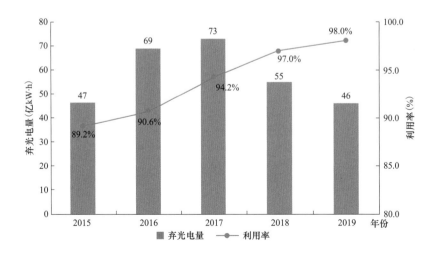

图 2-12　2015—2019 年我国弃光电量与利用率情况

太阳能发电利用率升至 95％以上，新疆、甘肃、西藏太阳能发电利用率分别提升7.5、5.5、19.5 个百分点。2016、2019 年弃光地区分布情况对比如图 2-13 所示。

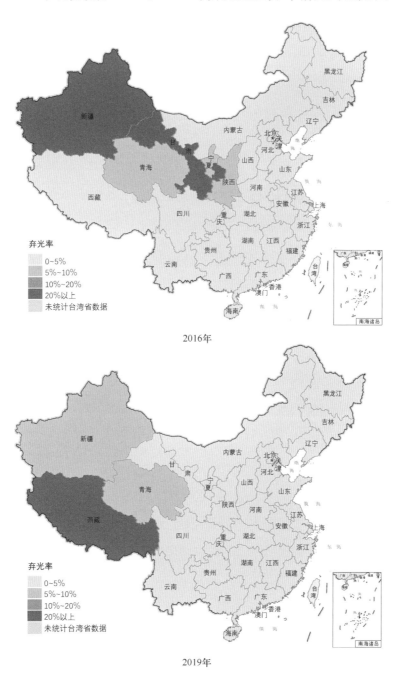

图 2-13 2016、2019 年弃光地区分布情况对比

部分省区光伏发电运行消纳水平有待提升。 从重点区域看，光伏发电消纳问题主要出现在西北地区，其弃光电量占全国的 87%，利用率为91.6%；华北、东北地区利用率均为 99% 以上；华东、华中利用率均为100%。从重点省份看，西藏、新疆、甘肃利用率分别为 75.9%、93.6%、95.9%，同比提升 19.5、8.2、5.6 个百分点；青海受新能源发电装机大幅增加等因素影响，利用率降低至 92.8%，同比降低 2.5 个百分点。

2.4　新能源市场化交易

2015 年 3 月，中央印发《关于进一步深化电力体制改革的若干意见》（中发〔2015〕9 号文），我国正式启动新一轮电力体制改革。提高可再生能源发电和分布式能源系统发电在电力供应中的比例是本轮电力体制改革的基本原则之一。随着我国电力改革的推进，为缓解局部地区新能源消纳矛盾，我国陆续开展了一系列促进新能源消纳的市场化交易。近年来，新能源市场化交易规模和交易范围逐步扩大。据不完全统计，2019 年，新能源市场化交易电量 1451 亿kW·h，同比增长 26.2%。

2.4.1　新能源省间交易

近年来，新能源跨省区交易电量稳步提升。据不完全统计，2010 年新能源省间交易电量仅 1.5 亿 kW·h，2013 年电量突破 100 亿 kW·h，2019 年达到879.8 亿 kW·h，同比增长 21.8%，如图 2-14 所示。其中，"三北"地区新能源省间交易电量 633 亿 kW·h，同比增长 31.5%，占新能源省间交易电量的 72%。

新能源省间市场化交易主要包括省间中长期交易及跨区现货交易。目前，我国新能源省间交易以中长期交易为主，跨区现货交易定位为在中长

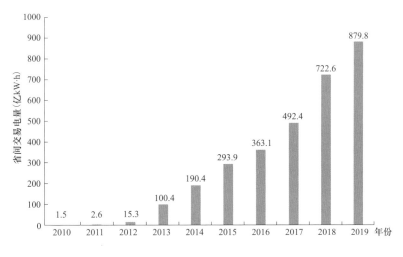

图 2-14 2010—2019 年新能源跨省区交易电量

期外送计划、交易之外，开展的富余新能源发电外送交易。现货交易可以更好地匹配新能源实际发电能力，是中长期交易的重要补充。据不完全统计，2019 年，新能源省间中长期交易电量 829.8 亿 kW·h，占新能源省间交易电量的 94.3%；新能源跨区现货交易电量 50.0 亿 kW·h，占新能源省间交易电量的 5.7%。

新能源省间中长期交易可分为省间外送交易、电力直接交易、发电权交易三种类型，目前中长期交易以省间外送交易为主。省间外送交易是指发电企业与电网之间或者送受端电网之间开展的购售电市场化交易。一般根据发用电计划放开情况，在跨省区年度发电计划中放开部分电量开展。**省间电力直接交易**是指送端新能源电厂和受端电力用户、售电公司直接参与的交易，电网企业按规定提供输配电服务。一般根据发用电计划放开情况，在跨省区年度发电计划中放开部分电量开展。**省间发电权交易**又称省间合同交易，是指新能源发电企业与其他发电企业通过市场化方式实现合同电量的有偿出让和买入。据不完全统计，2019 年，新能源省间外送交易、省间电力直接交易、省间发电权交易电量分别为 674.4 亿、117.1 亿、38.3 亿 kW·h，如图 2-15 所示。

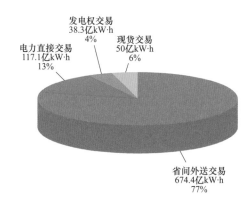

图 2-15　2019 年新能源省间市场化交易电量占比

2.4.2　新能源省内交易

目前，我国新能源省内市场化交易方式主要是中长期交易，部分电力现货市场试点省份正在开展省内新能源参与现货市场的探索。新能源省内中长期交易主要包括新能源与大用户直接交易（大用户直购电）、新能源与火电发电权交易等类型。其中，**新能源与大用户直接交易**（大用户直购电）是指由省发展和改革委员会、能源局、省电力公司等组织，新能源发电企业与钢铁、冶金行业等大用户通过电力交易平台进行的交易；其基本思路是以优惠的电价来吸引用电量大的工业企业使用新能源，通过市场化方式促进新能源消纳。**新能源省内发电权交易**，主要是新能源发电企业与燃煤自备电厂之间的发电权置换：当电网由于调峰或网架约束等原因被迫弃风时，参与交易的燃煤自备电厂减少发电，为新能源让路，由新能源发电企业替代自备电厂发电，同时给予自备电厂一定经济补偿，补偿价格由燃煤自备电厂与新能源发电企业自行商定。

2019 年，新能源省内市场化交易电量 571 亿 kW·h，同比增长 34%。其中，新能源与大用户直接交易电量 429 亿 kW·h，同比增长 55%；新能源省内发电权交易 142 亿 kW·h，下降 5.3%，如图 2-16 所示。

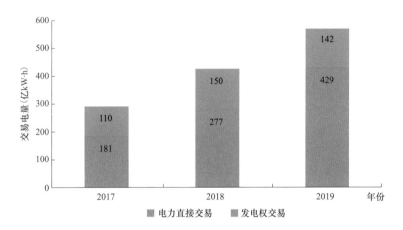

图 2-16 2017—2019 年新能源省内市场化交易电量

3

新能源发电技术和装备

🛰 章节要点

大型化成为风电机组发展的主流趋势。2019 年，4～5MW 机型成为我国陆上风电的主流机型，多家厂商的风机功率已超过 5MW。海上风电机组也在不断实现大型化，5MW 机组已经成为我国海上风电招标的主流机型，7MW 机组已实现商业运行，10MW 机组正在加快国产化进程。

晶硅电池片转换效率处于世界领先水平。2019 年规模化生产的单晶、多晶电池平均转换效率分别达到 22.3％和 19.3％。PERC 技术成为各类电池制造的主流工艺，平均转换效率高达 20％左右，PERC‑P 型单晶电池转换效率达 22.3％。

电池组件功率有所增加。主流的 PERC‑P 型单晶电池组件以及多晶黑硅组件功率范围可分别达到 320W 和 285W；N‑PERT/TOPCon 组件和异质结组件功率可达 330W；IBC 组件功率最高，为 342W。

我国光热发电技术后发优势明显。我国已具备整体项目设计以及绝大部分装备制造能力。目前国内相对成熟且实现商业化的光热发电系统主要为槽式、菲涅尔式和塔式。

我国生物质发电技术总体处于全球先进水平。我国农林生物质锅炉设备在全球处于领跑水平；生活垃圾焚烧炉处于全球并跑水平；生物质直燃发电汽轮机组方面处于全球跟跑水平。

3.1 风力发电技术和装备

3.1.1 陆上风电

陆上风电单机容量持续增加。2019 年，我国各家风电整机厂商均发布了大容量的陆上风机产品，多家厂商的风机功率已超过 5MW。短短几年间，我国陆上风电单机容量从 2～3MW 为主跨越到 3MW 以上机型，再到 2019 年陆续推出 4～5MW 级别的陆上风机，反映了我国风机技术的不断进步。目前，我国风电全产业链基本实现国产化，产业集中度不断提高。风电设备自主研发水平和制造水平持续上升，为全球风电技术的进步和设备成本的下降奠定了基础。

关键技术仍然存在不足。虽然我国风机技术取得了长足进步，但是在一些关键技术上仍然与国际先进水平存在差距，如风资源评估技术与软件产品、控制系统、主轴承、大功率变流器等瓶颈明显，严重依赖国外厂商。

3.1.2 海上风电

机组大型化是近年来海上风电的主要发展趋势。技术的进步和创新使海上风电机组的叶尖高度和扫风面积不断扩大。叶尖高度由 2010 年 3MW 机组的刚超过 100m 提升至目前 12MW 的 260m，叶轮直径也相应地由 90m 逐渐发展至220m。2019 年，欧洲新增海上风电机组的平均额定功率达到 7.8MW，较上年提高 1MW。风电机组制造商相继发布额定功率更大的海上风电机组，例如通用电气公司的 Haliade - X 12MW 机组，预计将于 2021 年投入商业运行。西门子歌美飒和三菱重工 - 维斯塔斯也发布了 10MW 机组。国内海上风电机组也在不断实现大型化。2019 年，5MW 机组已经成为我国海上风电招标的主流机型，7MW 机组已实现商业运行，10MW 机组正在加快国产化进程。

海上风电向深远海发展。随着漂浮式基础等技术的发展，海上风电逐步从近海、浅海走向远海、深海。据统计，2019 年欧洲在建海上风电项目的平均离岸距离为 59km，处于最远海项目的离岸距离已达到 100km；项目平均水深为 33m，处于最深海的漂浮式示范项目的水深达到 200m 以上。2019 年，我国首个水深超过 40m 的海上风电项目正式开工建设。

叶片和主轴承是我国海上风机技术的主要瓶颈。对于叶片，超大风轮技术已经进入无人区，必须采用碳纤维技术，整个工艺供应链全部由德国、日本掌握，而且成本昂贵。国内尚未掌握大型碳纤维叶片的设计和供应，制造工艺水平和投资跟不上叶片长度变化导致产能受限。轴承方面，调心滚子轴承技术（SRB）和双列圆锥滚子轴承技术（DRTRB）是 8MW 及以上海上风机的最佳选择。采用这两种技术的轴承承载能力比较大，对加工尺寸非常敏感，目前国内尚无轴承厂能够生产。

3.2　太阳能发电技术和装备

3.2.1　光伏发电

相比世界其他先进国家而言，我国光伏发电技术发展起步较晚。但经过十几年的发展，我国光伏发电技术已经完成了从原材料、技术设备和市场的"三头在外"局面向全产业链国产化的转变。目前，我国光伏发电产业化技术和制造实力已处于全球领先水平，并且正不断加强对前沿技术的布局和投入。光伏发电产业已经成为我国为数不多的具备国际竞争力的产业之一。

我国晶硅电池片转换效率处于世界领先水平。我国主要晶硅电池片技术量产化转换效率如表 3-1 所示。2019 年规模化生产的 PERC-P 型单晶电池、BSF-P 型多晶硅黑硅电池平均转换效率分别达到 22.3% 和 19.3%。PERC 技术成为各类电池制造的主流工艺，其中 PERC-P 型多晶黑硅电池平均转换效率达到 20.5%，PERC-P 型单晶电池转换效率达 22.3%。各类 N 型单晶电池平均转换效率在 22.7% 以上，也是未来发展的主要方向之一。

表 3-1   2019 年我国各主要晶硅电池片技术量产化转换效率

类型	类别	平均转换效率
多晶	BSF-P 型多晶黑硅电池	19.3%
	PERC-P 型多晶黑硅电池	20.5%
P 型单晶	PERC-P 型单晶电池	22.3%
N 型单晶	N-PERT+TOPCon 单晶电池（正面）	22.7%
	硅基异质结 N 型单晶电池	23%
	背接触 N 型单晶电池	23.6%

数据来源：中国光伏行业协会。

电池组件功率有所增加。国内不同类型组件功率如表 3-2 所示。主流的 PERC-P 型单晶电池组件以及 BSF 多晶黑硅组件功率范围可分别达到 320W 和 285W；N-PERT/TOPCon 组件和异质结组件功率可达 330W；IBC 组件功率最高，为 342W。据预测，随着技术进步，未来各类电池组件功率的年增速可实现 5W 以上[1]。

表 3-2   不同类型组件功率情况

类型	类别[2]	平均功率（W）
多晶	BSF 多晶黑硅组件	285
	PERC-P 型多晶黑硅组件	300
P 型单晶	PERC-P 型铸锭单晶组件	315
	PERC-P 型单晶组件	320
N 型单晶	N-PERT/TOPCon 单晶组件	330
	异质结组件	330
	IBC 组件	342
MWT 封装	MWT 多晶组件	305
	MWT 单晶组件	330

数据来源：中国光伏行业协会，《中国光伏产业发展路线图（2019 年版）》。

---

[1] 数据来源：《中国光伏产业发展路线图（2019 年版）》。

[2] 晶硅电池 60 片全片组件。

我国在光伏前沿技术、关键设备制造和颠覆性技术研发方面还存在明显短板。光伏电池的高端产品研发及关键辅材仍与国际先进水平存在差距。HIT、IBC 及 TOPCon 等高效电池效率尚未达到国际领先水平。HIT 电池主要由日本松下集团掌握，IBC 电池主要由美国的 SunPower 公司掌握。中国厂家也在加速突破，晶澳等国内企业做了大量的技术储备，预计 2～3 年 HIT 电池能够实现产业化，3～5 年 IBC 电池能够实现产业化。

3.2.2　光热发电

光热发电系统一般由聚光集热器、吸热器、传热系统、储热系统、汽轮机组或斯特林电机等装备组成，其中聚光集热器和吸热器是核心部件。目前，光热发电技术可分为塔式、槽式、菲涅尔式、碟式四种技术路线。槽式和菲涅尔式光热发电技术占全球市场份额 90％左右❶。塔式技术由于介质温度更高，可以获得更高转换效率以及储热价值，近年也被市场青睐并迅速发展。另外，当前塔式技术仍具有较大的技术改进与创新潜力，但由于其系统更为复杂，技术进步与成本下降也需要更多的时间。美国与西班牙在光热发电领域起步较早，各种技术路线及装备制造能力较为成熟。中国后发优势明显，具备整体项目设计以及绝大部分装备制造能力。目前国内相对成熟且实现商业化的光热发电系统主要为槽式、菲涅尔式、塔式。

（1）槽式、菲涅尔式光热发电系统。槽式光热发电是将照射在纵向延伸曲面反射镜中的太阳能聚集于集热管，转化为热能后通过传热器产生高温蒸汽，进而通过汽轮机进行发电的技术。菲涅尔式光热发电系统是槽式系统的简化形式，由条形平面反射镜组代替曲面反射镜以降低成本及工艺难度，但聚光比和光电效率较槽式系统偏低。目前，槽式、菲涅尔式光热发电系统技术标准较成

---

❶　数据来源：中国能源报，《全球光热发电行业要快速发展，需要破解哪些障碍？》，2020。

熟、装备制造水平较高，在国内外具有广泛的商业应用实例。槽式、菲涅尔式光热发电系统核心装备包括反射镜、聚光集热器、集热管。我国在反射镜方面具有成熟的技术装备，但 ENEA、Rioglass 等国外厂商在弧形反射镜的研制上仍处于领先地位。

（2）塔式光热发电系统。塔式光热发电是通过追踪太阳的球面定日镜群反射太阳光至高塔吸热器，以将高热流密度的辐射能转化为导热介质的热能后，通过传热器产生高温蒸汽，进而通过汽轮机进行发电的技术。塔式光热发电系统拥有较高的蒸汽和热动效率，同时缩短了导热管回路，但由于定日镜数量较多，距离集热吸热装置较远，因此需要极高的精度要求。目前，塔式光热发电系统技术标准仍处于示范探索阶段、装备多为定制化设计，我国近期项目国产化率达到 95％以上。塔式光热发电系统核心装备包括定日镜、吸热器。其中，定日镜中的跟踪控制器是各国科研攻关的重点也是难点，未来跟踪精度与稳定性将稳步提高。我国吸热器设计与制造较为成熟，国内项目采用国产吸热器为主，Solar Reserve、B&W、GE 等海外公司也具备相当的吸热器设计制造能力。

（3）我国光热发电技术及装备发展仍存在一系列问题及挑战。一是长时储热问题。当前储热系统储热时间普遍在 $10\sim15\mathrm{h}$，在无天然气辅助支持下不具备跨天储热能力，在连续阴雨天将失去发电能力，限制了光热发电的调峰优势。**二是装备损耗问题**。反射镜的反射率直接影响了光热发电的集热发电效率。我国光资源较好的西北地区普遍存在风沙、冰雹等恶劣天气情况，容易导致反射镜污染、磨损甚至开裂。当前国内在先进材料、涂层等方面仍依赖进口，进一步提升了系统成本，亟须国内自主创新实现先进材料生产。**三是聚光器清洗问题**。聚光器清洁度直接影响反射率，且聚光器面积大、分布广、清洗程序复杂，需要消耗大量人力。在我国西北地区，由于极端天气影响，聚光器清洗频率较高，自动化、高效、节水清洁系统的开发是减少此部分运维成本的关键。

3.3　其他新能源发电技术和装备

除风力发电和太阳能发电技术外，我国生物质发电技术也已经取得了显著的发展成就。生物质发电主要包括农林生物质发电、垃圾焚烧发电和沼气发电。其中，农林生物质发电、垃圾焚烧发电是我国装机规模最大的生物质发电。

（一）农林生物质直燃发电

农林生物质直燃发电工艺是将农林生物质直接送往锅炉中燃烧，以产生蒸汽推动蒸汽轮机做工，再带动发电机发电。其原理是将储存在生物质中的化学能通过锅炉燃烧转化为蒸汽的内能，再通过蒸汽轮机转化为转子的机械能，最后通过发电机转化为清洁高效的电能。其中，生物质锅炉和汽轮发电机组是直燃发电技术中的两项关键装备。

(1) 生物质锅炉。适用于生物质燃料的锅炉主要有循环流化床炉和炉排炉。目前，国内锅炉设备厂家已具备了生物质电厂锅炉及其配套设备的生产能力，并且在各种秸秆的掺烧方面已优于国外设备，在全球处于领跑水平。另外采用国产锅炉设备可比选用国外同类型设备减少投资，可大幅度降低工程单位造价，在设备运输、安装及运行维护检修等方面也有诸多优势。因此，生物质工程建设目前选用国产化锅炉设备为主。

(2) 汽轮发电机组。生物质电厂由于受燃料收集范围的限制，装机选型一般采用中小型机组。我国生物质电厂发展过程中，依次出现了中温中压、次高温次高压、高温高压和高温超高压机组。目前，高温高压机组凭借较高的经济性和可靠性逐渐成为生物质电厂的首选，并向高温超高压机组发展。我国中小型汽轮发电机生产企业较多，生产能力完全可以满足国内需求。各生产企业向国际先进的能源装备制造企业看齐，设计开发了新型进排汽结构、高效汽封结构及调节控制系统等一系列先进结构和技术，使汽轮机整机效率和性能显著提高，汽耗明显降低，能源综合利用率得到提高，达到了较高的水平，可降低生产成本，满足节能减排要求。我国在生物质直燃发电汽轮机组方面处于全球跟跑水平，在高参数反动式小功率汽轮机技术方面拥有自主知识产权，该技术解决了生物质发电热力循环效率不高的核心问题。

（二）生活垃圾焚烧发电

生活垃圾焚烧发电主要流程为：生活垃圾运至发电厂，经过一定处理后送入焚烧炉，在炉内高温燃烧，焚烧产生的烟气将水加热，产生蒸汽驱动汽轮机组发电。

焚烧炉技术。目前国内外应用较多、技术较成熟的生活垃圾焚烧炉炉型主要有机械炉排炉、流化床焚烧炉、回转窑焚烧炉三种，热效率为78%～85%。其中，炉排炉焚烧工艺和流化床焚烧工艺在我国应用均较为广泛，两者占垃圾焚烧发电市场的比重合计达到95%以上，其中炉排炉占比75%，流化床占比20%。随着国家污染物排放标准提高，流化床焚烧炉技术的应用步伐逐渐放缓。

我国的生活垃圾焚烧炉处于全球并跑水平，在流化床焚烧炉和多级液压炉排炉技术方面拥有自主知识产权，在大型化和高热值炉排炉技术方面已经取得了一定突破。

余热锅炉技术。余热锅炉布置在焚烧炉后，用于吸收焚烧炉出口烟气中的热量以产生蒸汽。生活垃圾焚烧烟气中含有较多的氯化氢及低熔点飞灰，易引起余热锅炉受热面低温腐蚀和积灰。对于碳钢及低合金钢材料，当受热面温度提高时，腐蚀速度将加快。为延长锅炉受热面使用时间，控制设备成本，余热锅炉现阶段一般采用中温中压。随着技术的发展、制造水平的提高、耐腐蚀材料价格的下降以及垃圾分类技术的逐步推广应用，使得锅炉受热面耐腐蚀能力有所提高，也使锅炉主蒸汽参数进一步提高成为可能。

（三）我国生物质发电技术与设备存在的问题

生物质燃料的预处理技术和设备水平有待提高。相对于丹麦、瑞典和德国等国家，我国在农林废弃物的收割、运输和破碎方面，缺少先进可靠的技术和设备。

燃烧技术和装备需要进一步优化。农林生物质锅炉、垃圾焚烧炉、沼气内燃机等方面，在设备的稳定性、可靠性、高效性、原料多元化的适应性，都存在较大的提升空间，这是制约生物质发电行业快速发展的核心因素。

污染物治理技术和设备。生物质发电存在废气、废水、噪声等污染，随着污染物排放标准的日益严格，研发污染物排放低的技术和设备将成为必然趋势。

精细化管理和自动化水平有待提高。未来，应将传统环保工艺与大数据、云计算、物联网等先进技术相结合，为传统生物质发电提供自动化、信息化、数据化、智能化的整体解决方案，包括项目实时监控、设备管理、运营管理及大数据分析。

4

新能源发电经济性

章节要点

陆上风电度电成本呈现区域性特点，"三北"地区仍为陆上风电开发成本洼地。2019 年我国陆上风电度电成本为 0.315～0.565 元/（kW·h），平均度电成本为 0.393 元/（kW·h）。"三北"地区仍为我国陆上风电开发成本洼地，南方部分省份风电成本优势逐渐显现，中东部地区陆上风电度电成本逐步接近"三北"地区。

光伏发电度电成本具有明显的地区差异，呈现"西低东高"。2019 年，我国光伏发电度电成本为 0.290～0.800 元/（kW·h），平均度电成本为 0.389 元/（kW·h）。西部地区度电成本是全国最低水平，东北、南方大部分地区度电成本较低，中东部地区度电成本相对较高。

预计 2025 年陆上风电和光伏发电将在大部分地区实现平价。2020 年，我国陆上风电平均度电成本为 0.287～0.539 元/（kW·h），到 2025 年将下降至 0.241～0.447 元/（kW·h），除青海、宁夏、贵州、北京外，全国其他省份基本实现平价。2020 年，我国光伏电站度电成本为 0.245～0.512 元/（kW·h），到 2025 年将下降至 0.220～0.462 元/（kW·h），除重庆、广东、湖南、上海、福建外，其他地区均可以实现平价。

4.1 风电经济性

4.1.1 投资成本构成分析

2019 年，我国陆上风电建设初始投资成本总体仍延续下降态势，造价在 6000～8000 元/kW 水平。其中机组成本占比 63％，建安工程成本占比 14％，接网成本占比 12％，其他成本占比 11％。2019 年陆上风电初始投资构成如图 4-1 所示。

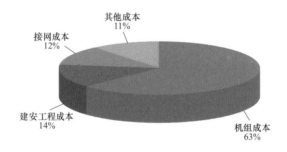

图 4-1 2019 年陆上风电初始投资成本构成

（一）风电机组单位造价

受《关于完善风电上网电价政策的通知》（发改价格〔2019〕882 号）影响，风电迎来新一轮抢装潮。2019 年前三季度，风机总招标量达到 49.9GW，同比增长 108.5％。其中第三季度招标量为 17.6GW，创历史新高，同比增长 144.44％。2019 年初，2、2.5MW 风机投标平均价格 3509、3437 元/kW，5 月之后，受政策发布影响，风机机组价格迅速上升，2019 年 9 月，2.5、3MW 机组的投标均价为 3898、3900 元/kW，其中 2.5MW 风机较 5 月增长 11.5％，同比增长 16.3％。受供应链以及产能的影响，风电机组价格还将进一步上升，在 2019 年底的一次机组招标中，最高投标价已经攀升至 4500 元/kW，我国风电设备公开招标市场月度公开风机投标均价如图 4-2 所示。

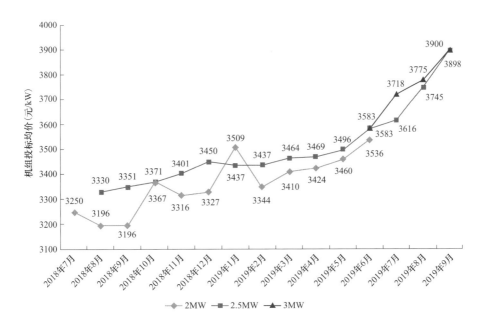

图 4-2　2018—2019 年风电机组投标均价

数据来源：金风科技。

（二）建安工程成本

陆上风电建安工程成本主要包括基础施工、机组吊装、交通工程、施工辅助工程等相关费用。建安材料费用总体保持稳定，部分材料成本小幅下降，但人工成本持续上升。2019 年我国陆上风电建安工程成本为 840～1120 元/kW。

（三）接网成本

接网成本主要包括场内集电线路、升压站工程投资和场外专为新能源发电项目接入电网而发生的工程建设成本。2019 年我国陆上风电的接网成本为 720～960 元/kW。

2018 年，《关于公布可再生能源电价附加资金补助目录（第七批）的通知》（财建〔2018〕250 号），提出已纳入和尚未纳入国家可再生能源电价附加资金补助目录的可再生能源接网工程项目，不再通过可再生能源电价附加补助资金给予补贴。同年，国家能源局《关于减轻可再生能源领域企业负担有关事项的通知》（国能发新能〔2018〕34 号），提出各类接入输电网的可再生能源发电项目的接网及输配电工程，全部由所在地电网企业投资建设，可再生能源发电项目单位建设的场外接网等输配电工程，电网企业按协议或经第三方评估确认的投资额进行回购。对于已纳入可再生能源电价附加资金补助目录并领取补贴的接网工程，电网企业在接网工程回购时应扣除已获得的补贴资金。

由于新能源接网工程建设周期慢于新能源项目建设周期，部分新能源项目为了赶新能源电价政策的末班车抢装并网，采取自建接网工程的方式，增加了建设投资。

（四）其他成本

其他成本主要包括土地成本、前期开发成本、融资成本、建设期利息等。随着陆上风电逐步向中东部地区转移，征地费用逐年增加，计及城镇土地使用税、耕地占用税等与土地相关税费，土地成本超过初始投资的 3%。业内一般将土地成本、前期费用等称为非技术成本，国家有关部门明确要求降低新能源发电项目的非技术成本。未来降低非技术成本将有助于陆上风电实现平价上网。

4.1.2 其他影响因素分析

（一）利用小时数

风电利用小时数主要受资源、风机技术、弃电等影响。不同年份的风资源情况也有较大差异，通常可分为大风年、小风年和多年平均来风年。随着我国低速风机技术的快速进步，2019 年中东部地区风电发电设备利用小时数接近或超过 2000h。弃电对风电场站发电设备利用小时数影响很大，随着电力系统灵活性的提升以及网源协调推进，弃风问题将得到有效控制，发电设备利用小时数将更接近理论发电利用小时数。

（二）运行维护成本

发电机组在使用初期设备运行维护成本费用占总支出的 10%～15%，经过长时间的磨损和老化后，在接近机组使用寿命时，运行维护成本费用占总支出的20%～35%。随着技术的成熟，装机容量更大的新机组运行维护成本呈下降趋势。我国陆上风电运维逐步由最初的粗放式向精细化转变，运维队伍形成了开发商、整机商和第三方的多元化格局，智能化运行、大数据诊断、云平台管理等创新性技术已经在多个风电场得到应用。目前，我国陆上风电运维成本仍然处于全球较低水平，维持在4～5分/（W•年）。

（三）财税政策

增值税方面，根据《关于风力发电增值税政策的通知》（财税〔2015〕74号）要求，陆上风电继续实行增值税即征即退50%的政策。企业所得税方面，依照《国家税务总局关于实施国家重点扶持的公共基础设施项目企业所得税优惠问题的通知》（国税发〔2009〕80号），风电企业享受企业所得税"三免三减半"优惠政策。

（四）市场运营成本

伴随着大规模新能源并网，电力系统对新能源发电机组涉网性能的要求不断提高，对调峰资源的需求也在不断扩大。根据目前新能源发电相关运营规则，新能源场站将支付功率预测、计划曲线跟踪、自动电压控制、信息报送等方面的考核费用和调峰辅助服务分摊费用，该部分成本被称为"市场运营成本"。相关数据显示，市场运营成本已经成为新能源运营期间不可忽略的成本之一。以东北调峰辅助服务市场为例，2019年，东北三省以及蒙东新能源发电量合计830.41亿kW•h，东北电力辅助服务市场有偿调峰新能源合计支付费用36.42亿元，新能源发电量平均承担0.044元/（kW•h）。

4.1.3 风电平价分析

（一）我国陆上风电度电成本

目前，新能源发电技术经济性评估与测算常用方法主要包括平准化度电成本法（LCOE）、内部收益率法（IRR）、净现值法（NPV）、加权平均资本评估法（WACC）等。为了结合最新电力市场化改革的形势，更加准确、全面反映市场对我国不同地区新能源发电技术经济特征经济性的影响，国网能源院开发了新能源发电成本地图分析模型（renewable energy cost‐map，REC‐Map），除常规的初始投资和运维成本外，模型具有以下特点：一是考虑不同省份在征地成本、地形特点、施工周期等方面导致的初始投资差异；二是考虑国家和地方层面的财税政策与补贴，以及资本收益率预期等变化；三是结合市场实际，将新能源场站支付的系统市场运营成本纳入新能源发电经济性分析；四是可从多个维度开展新能源发电平价上网分析。

利用 REC‐Map 模型计算得到了 2019 年我国不同地区风电度电成本，得到陆上风电成本地图，如图 4‐3 所示。

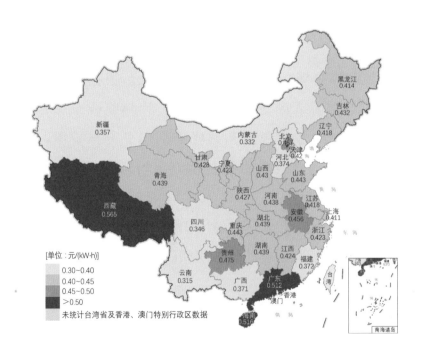

图 4‐3　2019 年我国陆上风电成本地图

（二）度电成本分布特点

2019 年，我国陆上风电度电成本为 0.315～0.565 元/（kW·h），平均度电成本为 0.393 元/（kW·h），度电成本分布呈现以下特点：

（1）"三北"地区仍为我国陆上风电开发成本洼地。2019 年，"三北"地区弃电矛盾持续得到缓解，平均度电成本低于中东部、南部地区，新疆、内蒙古、冀北仍位于我国陆上风电开发成本较低地区之列。在调峰辅助服务市场的作用下，2019 年，东北地区风电利用小时数提升显著，处于全国前列，但因气候寒冷，造价和运维成本偏高，同时分摊了一部分调峰成本，提高了风电整体度电成本。得益于较好的风资源，较低的土地成本和建设施工费用，未来"三北"地区仍是我国陆上风电开发热点地区。

（2）南方部分省份风电成本优势逐渐显现。西南地区多为高原、山地，初始投资高于"三北"地区，因为较高的风电利用小时数和较好的消纳环境，弥补了造价偏高的劣势，降低了风电项目的度电成本。其中，云南省风电利用小时数为 2808h，居全国首位，度电成本达到 0.315 元/（kW·h），为全国最低。

（3）得益于中低速风机技术的进步，中东部地区陆上风电度电成本逐步接近"三北"地区。因华中、华东地区多为山地、丘陵，且环保要求严格，导致征地费用较高，投资成本总体要高于"三北"地区。得益于中低速风机技术的进步，中东部省份风电利用小时数持续提升，大多数省份已经超过了除新疆以外的西北其他省份。

（三）陆上风电平价能力

分别将陆上风电度电成本与当地燃煤基准电价、当地平均购电价、受端省电价等对比，分析各省（区、市）陆上风电平价能力。

（1）与当地燃煤基准电价对比。从陆上风电本体成本❶来看，在风电消纳

---

❶　陆上风电本体成本指仅考虑风电项目本身的投资和运营成本等，未考虑系统运营成本的风电度电成本。

条件良好、利用小时数较高的省份或地区已实现或基本实现平价上网。图4-4
对比了2019年各省（区、市）风电的本体度电成本与当地燃煤基准电价。
云南、广西、福建、四川、湖南、辽宁、黑龙江风电度电成本低于本地燃
煤基准电价；中东部大部分省份的风电度电成本接近本地燃煤基准电价，
有望在未来一到两年实现平价。西北、华北地区由于煤炭资源丰富，燃煤
基准电价较低，同时弃电矛盾仍然存在，风电利用水平还需进一步提升，
离平价还有一定差距。

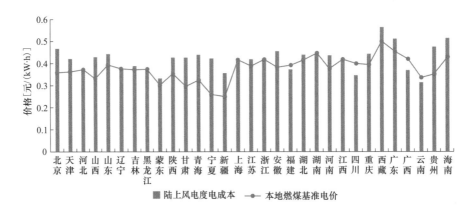

图4-4　2019年各省（区、市）陆上风电与燃煤基准电价对比

从考虑系统运营成本后的陆上风电度电成本来看，若考虑2019年东北地
区新能源市场运营成本为0.044元/（kW·h），西北地区新能源市场运营成本
为0.008～0.03元/（kW·h），华北地区新能源市场运营成本为0.01～0.02
元/（kW·h），辽宁、黑龙江虽然本体度电成本已经实现平价，但是加上市场
运营成本后，其成本将高于本地燃煤基准价格，延缓这些省份风电实现平价
的时间。随着新能源发电装机持续扩大，预计未来几年风电项目支付考核与
分摊的费用也将同步增长。

（2）与当地平均购电价格对比。 部分省份风电本体度电成本虽然低于本地
燃煤基准电价，但难以达到本地平均市场化购电价格。以云南、四川两个水电
大省为例，市场整体购电成本低于本地燃煤基准电价0.1元/（kW·h），与此相
比风电价格竞争力略显不足。

（3）与外送受端省电价对比。以陆上风电本体成本为例，仅仅考虑风电外送进行理论测算，在计及送端电厂至受端电网的综合输电价格（包括送出省输电价格、专项通道输电价格、线损价等在计及专项通道过网费和网损）的情况下，"三北"地区风电的落地电价与受端燃煤基准价相比，尚有一定竞争力。新能源打捆外送的经济性受配套调节电源影响，以新疆送河南的天中直流、甘肃送湖南的祁韶直流为例，风电落地价格要高于受端燃煤基准电价 0.012、0.091 元/（kW·h）。未来随着新能源发电成本的进一步降低，风电外送落地电价将低于受端燃煤基准电价。

4.2 光伏发电经济性

4.2.1 投资成本及构成分析

2019 年，我国光伏发电❶投资成本的构成如图 4-5 所示。投资成本中光伏组件成本占比最大，为 37%。其次是建安工程成本，占比约为 29%。电网接入成本（接网成本）占比约为 18%，其他成本占比约为 16%。

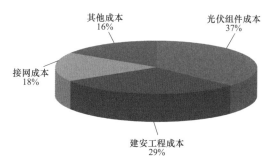

图 4-5　2019 年光伏发电投资成本的构成

---

❶ 本节中"光伏发电"指集中式光伏发电，暂不考虑分布式光伏发电。

（一）光伏组件成本

2018 年光伏组件的价格大幅降低，2019 年价格呈稳中有降的趋势。2019 年光伏组件价格变化趋势如图 4-6 所示。双晶组件和单晶 PERC 组件的价格均已下探到 2000 元/kW 以内。其中，双晶组件最低价格达到 1600 元/kW，单晶 PERC 组件价格最低达到 1700 元/kW。

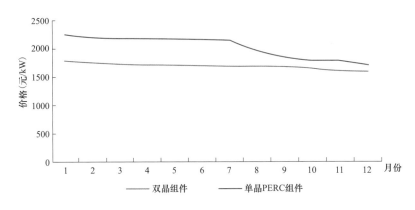

图 4-6　2019 年光伏组件价格变化趋势

数据来源：PVInfoLink。

（二）建安工程成本

光伏发电的建安工程成本主要包括光伏发电的建设过程中产生的人工成本、运输成本、材料成本等，其中人工成本占比最大。光伏发电的建安工程成本基本保持稳定。2019 年我国光伏发电的建安工程成本约为 1250 元/kW。

（三）接网成本

与风电相似，光伏发电的接网成本主要包括场内集电线路、升压站工程投资和场外专为新能源发电项目接入电网而发生的工程建设成本。2019 年我国光伏发电的接网成本约为 770 元/kW。

（四）其他成本

其他成本主要包括土地成本、前期开发成本、融资成本等。其中，光伏发电的土地成本占比高于风电，约为 8%。光伏发电初始投资中土地成本、前期开发成本等也被称为非技术成本。非技术成本的影响因素多且复杂，因项目、地区不同可能有较大差异。未来非技术成本的降低将有助于光伏发电降低度电成本。

4.2.2   其他影响因素分析

（一）利用小时数

光伏发电利用小时数主要受资源、组件效率、弃电等因素影响。不同省份因资源禀赋和消纳情况不同，利用小时数差别较大。光伏发电的利用小时数会直接影响项目收益，对度电成本的影响也较大。2019年，我国集中式光伏发电平均利用小时数为1260h。未来随着技术进步，光伏发电利用小时数将继续增长。

（二）运行维护成本

光伏发电的运维成本主要包括组件清洗、组件支架及基础维护、设备计划性检修、设备预防性试验等内容，不同地区的运维成本存在明显差异。据统计，目前我国光伏发电的运维成本在4～7分/（W•年），未来运行维护成本基本保持稳定。

（三）财税金融政策

国家对光伏发电项目在企业所得税和增值税方面提供了一些优惠政策。企业所得税方面，依照《国家税务总局关于实施国家重点扶持的公共基础设施项目企业所得税优惠问题的通知》（国税发〔2009〕80号），光伏发电企业享受企业所得税"三免三减半"优惠政策。增值税方面，太阳能发电项目自2013年起实施了阶段性的"50%即征即退"政策。但是根据光伏发电实际的财务状况，仅有部分2014年以前并网的企业享受到了该政策带来的优惠。与风电不同的是，光伏发电享受的"50%即征即退"政策有明确的结束期限，且该政策已于2018年底到期，目前仍没有后续文件出台。

（四）市场运营成本

目前我国光伏发电承担的市场运营成本主要有"两个细则"考核费用

和调峰辅助服务分摊费用。各地区具体分摊规则可能存在不同。2019 年，东北三省以及蒙东新能源发电量合计 830.41 亿 kW·h，东北电力辅助服务市场有偿调峰新能源发电合计支付费用为 36.42 亿元，新能源发电量平均承担 0.044 元/（kW·h）。

4.2.3　光伏发电平价分析

（一）我国光伏发电度电成本

采用国网能源院自主开发的 REC - Map 模型计算了我国各地区光伏发电的成本，得到光伏发电成本地图，如图 4 - 7 所示。

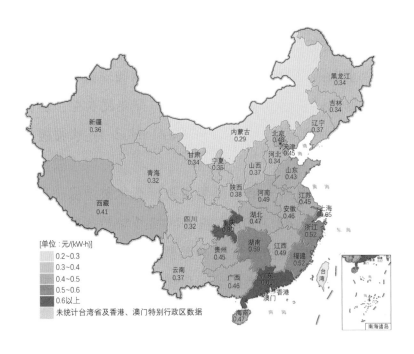

图 4 - 7　2019 年我国光伏发电成本地图

（二）度电成本分布特点

2019 年，我国光伏发电度电成本为 0.290～0.800 元/（kW·h），平均度电成本为 0.389 元/（kW·h）。从我国光伏发电度电成本分布情况可以看出，度电成本具有明显的地区差异，呈现西低东高的趋势。

西北地区度电成本是全国最低水平。西北地区太阳能资源较好，是我国太阳能资源最丰富的地区，大部分属于Ⅰ类资源区，在发展光伏发电方面拥有先天优势。西北地区地广人稀，土地、建设、运维成本也相对较低。同时，近两年西北地区消纳情况持续好转，光伏发电利用小时数不断增加。以上这些因素均显著降低了西北地区的光伏发电成本。

东北、西南大部分地区度电成本相对较低。东北和西南大部分地区多属于Ⅱ类资源区，太阳能资源量相对丰富。虽然太阳能资源低于西北地区，但东北、西南地区消纳情况较好，基本没有弃电问题。因此，东北、西南大部分地区度电成本在全国处于中等偏下水平。西南地区的重庆、贵州属于Ⅲ类资源区，受资源限制，度电成本较高。

中东部地区度电成本相对较高。华中、华东地区是我国的负荷中心，消纳情况较好。但是受太阳能资源、土地成本、开发成本较高等因素限制，东部地区光伏发电的度电成本相对较高。未来东部地区应以发展分布式光伏发电为主。

（三）光伏平价能力

分别将光伏发电度电成本与当地燃煤基准电价、当地平均购电价、外送受端省电价等对比，分析各省区光伏发电平价情况。

(1) 与当地燃煤基准电价对比。

从光伏发电本体成本❶来看，图4-8对比了2019年各省（区、市）光伏发电的本体度电成本与当地燃煤基准电价。其中，位于"三北"地区或西部地区的河北、辽宁、吉林、黑龙江、四川、青海、西藏、内蒙古的度电成本已经达到平价上网水平。另外，有5个省份的光伏发电度电成本高于燃煤基准电价不足10%，有望近期实现平价。虽然，宁夏、新疆、甘肃光伏发电

---

❶　光伏发电本体成本指仅考虑光伏发电项目本身的投资和运营成本等，未考虑市场运营成本的度电成本。

本身成本较低，但由于本省（区）燃煤标杆电价较低，目前这些地区尚没有平价。

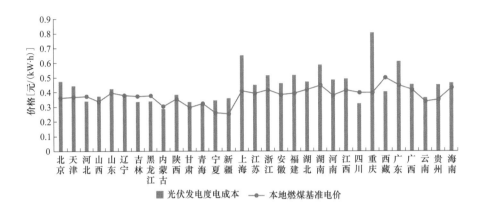

图 4-8　2019 年度电成本与燃煤基准电价对比

从考虑系统运营成本后的光伏发电度电成本来看，若考虑 2019 年东北地区新能源系统运营成本为 0.044 元/（kW·h），西北地区新能源系统运营成本为 0.008～0.03 元/（kW·h），华北地区新能源系统运营成本为 0.01～0.02 元/（kW·h），河北、辽宁、青海的光伏发电度电成本将高于当地燃煤基准电价，无法实现平价。

（2）与当地平均购电价格对比。

虽然部分省份光伏发电本体度电成本低于本地燃煤基准电价，但难以达到本地平均市场化购电价格。以云南、四川两个水电大省为例，市场整体购电成本低于本地燃煤基准电价 0.1 元/（kW·h），而 2019 年光伏发电分别仅低0.091、0.014 元/（kW·h），光伏发电价格竞争力仍然不足。

（3）与外送受端省电价对比。

以光伏发电本体成本为例，在计及综合输电价格（包括送出省输电价格、专项通道输电价格、线损价）专项通道过网费和网损情况下，"三北"地区一些省份光伏发电的落地电价与受端燃煤基准价相比，已经具备竞争能力。参考宁东直流输电价格，内蒙古光伏发电在浙江的落地价格比浙江燃煤基准电价低

0.028元/（kW·h），光伏发电具明显的竞争力。甘肃光伏发电通过祁韶直流后的落地电价也比湖南当地燃煤基准价格低0.013元/（kW·h），也具有一定竞争力。但天中直流光伏发电落地价格相较河南本地的燃煤基准价格仍然偏高，尚不具备价格竞争力。未来随着新能源发电成本的进一步降低，光伏发电外送落地电价竞争力将更加明显。

4.3　新能源发电成本变化趋势

4.3.1　风电成本变化趋势

（一）陆上风电成本变化影响因素分析

陆上风电造价受钢、铝、玻璃纤维等大宗商品价格约束，且长期保持稳定，依靠原材料成本下降难以达到降成本预期。未来降低陆上风电成本重点主要包括：

一是提升利用小时数。充分利用先进的决策工具开展科学规划和风机选型；依靠技术进步提高风机补风能力，精细化运维管理，降低风机故障率；加快输电通道建设，增大风电消纳范围；完善电力市场建设，促进新能源市场化交易，调动灵活性资源调峰积极性。

二是降低非技术成本。杜绝不合理收费，减少土地成本，优先利用未利用土地，避免在适用城镇土地使用税和耕地占用税增加土地成本偏多的范围内建设风电；通过绿色金融降低企业融资成本，规范各类检查和收费。

三是降低运维成本。随着机组的老化，设计运营期的后期运维成本快速上升，目前，陆上风电运维成本占总成本费用（包括折旧、摊销、利息、运营成本）比例达到18%。未来几年，我国将迎来新旧机组大规模替换，经过一轮的实践，行业积累了风电全寿命周期的运维经验，在降低运维成本方面仍有空间。

（二）国际机构关于陆上风电成本预测

根据彭博新能源财经最新预测，2020 年，我国陆上风电度电成本将下降到 38～47 美元/（MW·h）［折合人民币 0.251～0.310 元/（kW·h）］❶，到 2025 年将下降至 28～36 美元/（MW·h）［折合人民币 0.185～0.238 元/（kW·h）］，到 2030 年将下降至 24～32 美元/（MW·h）［折合人民币 0.158～0.211 元/（kW·h）］，具体趋势如图 4-9 所示。

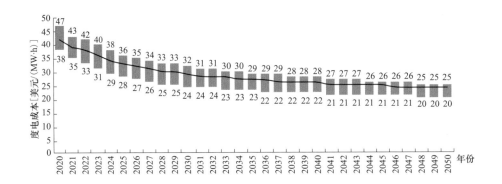

图 4-9　我国陆上风电度电成本变化趋势

数据来源：BENF。

（三）基于 REC-Map 分析模型的陆上风电成本预测

我国各地风资源、地形差异较大，REC-Map 分析模型在计算我国大陆各省（区、市）成本地图基础上，结合装机分布情况，采用加权平均方法得出我国陆上风电总体度电成本，既体现了各省（区、市）成本差异也体现了各省（区、市）装机权重对全国度电成本的影响。

对未来成本趋势的研判方面，REC-Map 分析模型不仅考虑了建设投资的成本变化，同时考虑各省（区、市）新能源的消纳能力，重点包括四个方面：一是省级电网和跨省跨区电网的规划建设情况；二是本地新能源发电预计新增装机规模；三是本地火电机组灵活性改造、水电以及储能等灵活性资源总体调

---

❶　按照 2018 年美元平均汇率测算，1 美元＝6.6 元人民币。

峰能力；四是电力市场建设情况，如增量现货、跨省跨区调峰、省级调峰辅助服务市场。

2020 年，随着抢装项目订货接近尾声，风机价格有望回落，预计 2020 年，我国陆上风电平均度电成本为 0.287～0.539 元/（kW·h）。到 2025 年，我国陆上风电平均度电成本为 0.241～0.447 元/（kW·h），"十四五"期间年均降幅 3.5%，除个别风资源较差或煤炭资源丰富的省（区、市）如青海、宁夏、贵州、北京难达到全面平价外，全国其他省（区、市）基本实现平价。预测 2025 年我国陆上风电度电成本如图 4-10 所示。

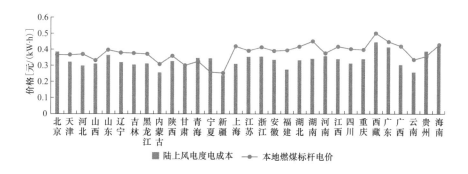

图 4-10　预测 2025 年我国陆上风电度电成本

4.3.2　光伏发电成本变化趋势

（一）光伏发电成本变化影响因素分析

未来光伏电站的投资成本仍将保持平稳下降的趋势。光伏组件方面，我国目前是光伏组件的最大生产国和出口国，所以全球市场的变化对我国组件价格的影响较大。2020 年初，新冠肺炎疫情肆虐全球，国内外光伏电站建设速度趋缓。考虑到国内外疫情暴发时间的差异，供需平衡被打破，预计 2020 年光伏组件价格将有明显下降。随着疫情的好转，是否会出现光伏组件需求的高峰仍有待观察。从产业链的发展来看，未来光伏组件的成本也仍有下降空间。

光伏发电主要通过提升利用小时数和降低非技术成本来降低度电成本。通过加装跟踪装置等技术手段，可以有效提高光伏发电的利用小时数，从而降低光伏发电的度电成本。根据光伏行业协会的测算，在较为理想的状态下，Ⅰ类资源区的光伏发电设备利用小时数可超过 2000h。

（二）国际机构关于光伏发电成本预测

据彭博新能源预测，2020 年，我国光伏发电度电成本将下降到 35～53 美元/（MW·h）［折合人民币 0.231～0.350 元/（kW·h）］，到 2025 年将下降至 32～48 美元/（MW·h）［折合人民币 0.211～0.317 元/（kW·h）］，到 2030 年将下降到 29～43 美元/（MW·h）［折合人民币 0.191～0.284 元/（kW·h）］，具体如图 4 - 11 所示。

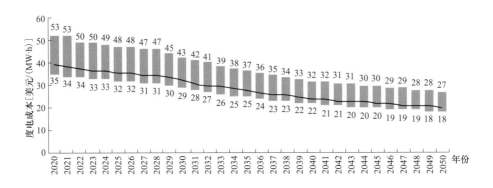

图 4 - 11　我国光伏发电度电成本变化趋势

（三）基于 REC - Map 分析模型的光伏发电成本预测

利用 REC - Map 分析模型，综合考虑光伏电站各项成本的变化、未来政策变化等因素的影响，对 2020、2025 年我国光伏发电成本进行了预测。预计2020 年，我国光伏度电成本为 0.245～0.512 元/（kW·h）。到 2025 年，我国光伏发电度电成本在 0.220～0.462 元/（kW·h）之间，"十四五"期间年均降幅 2.3%。预计重庆、广东、湖南、上海、福建的电成本仍然处于较高水平，无法实现平价，其他地区均可以实现平价。预测 2025 年我国光伏发电度电成本如图 4 - 12 所示。

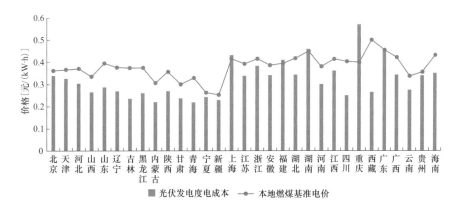

图 4-12 预测 2025 年我国集中式光伏发电平价情况

5

新能源产业政策

章节要点

在年度规模管理方面：实施项目分类管理，风电依据"十三五"规划确定年度新增规模，光伏采用"以补贴定规模"的方式，平价项目在满足电力送出和消纳条件下不受年度规模限制；延续监测预警机制，引导风光合理布局。

在项目建设管理方面：明确项目建设条件，新建风光发电项目以落实电力送出和消纳为前提；优化项目配置方式，新增项目全部通过竞争性配置方式确定；推进平价项目建设，同等条件平价项目下优先配置。

在运行消纳方面：建立可再生能源消纳保障机制，促进新能源消纳；平价项目全额消纳，确保稳定收益；促进风电、光伏发电通过电力市场化交易无补贴发展。

在价格补贴方面：完善上网电价形成机制，变分资源区标杆上网电价为指导价；加快风光补贴退坡，2021 年起陆上风电不再享受国家补贴。

2019 年国家发布了多项新能源相关产业政策，内容涉及年度规模管理、项目建设管理、运行消纳、价格补贴等环节。总体来看，2019 年我国新能源政策以完善项目规划建设、加速新能源补贴退坡、推进新能源平价上网，建立新能源消纳保障机制为重点，推动新能源由规模化发展向高质量发展转变，逐步实现平价上网。

5.1 年度规模管理

实施项目分类管理，风电依据"十三五"规划确定年度新增规模，光伏发电采用"以补贴定规模"的方式，平价项目在满足电力送出和消纳条件下不受年度规模限制。对于风电，按照《2019 年风电项目建设工作方案》安排，《国家能源局关于可再生能源发展"十三五"规划实施的指导意见》中本省级区域 2020 年规划并网目标，减去 2018 年底前已并网和已核准在有效期并承诺建设的风电项目规模，为 2019 年度各省级区域竞争配置需国家补贴风电项目的总规模。**对于光伏发电，**光伏发电依据国家确定的年度新增项目补贴总额，按照分类管理原则，确定年度新建发电项目根据补贴。2019 年度安排新建光伏发电项目补贴预算总额度为 30 亿元，其中 7.5 亿元用于户用光伏发电（折合 350 万 kW）、补贴竞价项目按 22.5 亿元补贴（不含光伏扶贫）总额组织项目建设。**对于平价上网项目，**在符合本省可再生能源建设规划、国家风光发电年度监测预警有关管理要求、电网企业落实接网和消纳条件的前提下，平价上网项目由省级政府能源主管部门组织，不受年度建设规模限制。

延续监测预警机制，引导风光合理布局。继续实施风电投资监测预警、光伏发电市场环境监测评价机制，引导风电、太阳能发电有序开发建设。根据 2019 年公布的风光监测预警结果，新疆、甘肃为风电、光伏发电红色预警地区，西藏为光伏发电红色预警地区。监测评价结果为红色的地区，风电暂停项目开发建设，光伏发电暂不下达年度新增建设规模。

5.2　项目建设管理

明确项目建设条件，新建风光发电项目以落实电力送出和消纳为前提。省级电网区域内消纳的新增风光发电项目由省级电网企业出具电力送出和消纳意见，跨省跨区输电通道配套发电项目的消纳条件应由送受端电网企业联合论证。

优化项目配置方式，新增项目全部通过竞争性配置方式确定。全面实行市场竞争性配置，除光伏扶贫、户用光伏发电外需要国家补贴的光伏发电消纳，新增集中式风电项目全部通过竞争性方式配置，价格不超过所在资源区的指导价。

推进平价项目建设，同等条件平价项目下优先配置。在组织电网企业论证并落实平价上网项目的电力送出和消纳条件基础上，优先推进平价上网项目建设。对自愿转为平价上网的存量项目，电网企业在建设配套电力送出工程的进度安排和消纳方面予以优先保障。

对分布式电源实行分级分类管理，户用光伏发电项目单独管理。按照《2019 年光伏发电项目建设工作方案》要求，户用光伏发电根据切块的补贴额度确定的年度装机总容量和固定补贴标准，进行单独管理。

5.3　运行消纳

建立可再生能源消纳保障机制，促进新能源消纳。2019 年 5 月 10 日，国家发展和改革委员会、国家能源局下发《关于建立健全可再生能源电力消纳保障机制的通知》，对电力消费设定可再生能源电力消纳责任权重，由售电企业和电力用户共同承担。通过设定总量消纳责任权重和非水电消纳责任权重，充分挖掘本地可再生能源消纳潜力，促进可再生能源本地消纳；打破省间壁垒，促进可再生能源跨省区消纳。

平价项目全额消纳，确保稳定收益。电网企业承担平价上网项目电量收购责任，确保平价项目所发电量全额上网，如存在弃风弃光情况，将限发电量核定为可转让的优先发电计划，在全国范围内参加发电权交易（转让）。省级电网企业需按项目核准时国家规定的当地燃煤标杆上网电价与风电、光伏发电项目单位签订长期固定电价购售电合同（不少于 20 年）。

促进风电、光伏发电通过电力市场化交易无补贴发展。鼓励在国家组织实施的各类示范项目中建设无须国家补贴的风电、光伏发电项目，并以试点方式开展就近直接交易。对纳入国家有关试点示范中的分布式市场化交易试点项目，交易电量仅执行风电、光伏发电项目接网及消纳所涉及电压等级的配电网输配电价，免交未涉及的上一电压等级的输电费。对纳入试点的就近直接交易可再生能源电量，政策性交叉补贴予以减免。

5.4 价格补贴

完善上网电价形成机制，变分资源区标杆上网电价为指导价。《关于完善风电上网电价政策的通知》《关于完善光伏发电上网电价机制有关问题的通知》提到，完善新能源发电上网电价形成机制，将陆上风电、海上风电、集中式光伏电站的标杆上网电价改为指导价，通过竞争性方式配置项目的上网电价不得超过所在资源区指导价。

加快风光补贴退坡，2021 年陆上风电不再享受国家补贴。自 2019 年 7 月 1 日起，纳入国家财政补贴范围的Ⅰ～Ⅲ类资源区新增集中式光伏电站指导价分别为 0.4、0.45、0.55 元/（kW·h）。新增集中式光伏电站上网电价原则上通过市场竞争方式确定，不得超过所在资源区指导价。

2019 年Ⅰ～Ⅳ类资源区新核准陆上风电指导价分别调整为 0.34、0.39、0.43、0.52 元/（kW·h），2020 年Ⅰ～Ⅳ类资源区新核准陆上风电指导价分别调整为 0.29、0.34、0.38、0.47 元/（kW•h），2019、2020 年海上风电指导价为 0.8、0.75 元/（kW•h）。2018 年底之前核准的陆上风电项目，2020 年底前仍未完成并网的，国家不再补贴；2019 年 1 月 1 日至 2020 年底前核准的陆上风电项目，2021 年底前仍未完成并网的，国家不再补贴。自 2021 年 1 月 1 日开始，新核准的陆上风电项目全面实现平价上网，国家不再补贴。

6

新能源发展及消纳形势展望

🛰 **章节要点**

全球新能源发电将保持快速发展。根据国际能源署《世界能源展望 2019》，2018－2040 年风电、光伏发电装机容量年均增速分别为 5.6％、8.8％，发电年均增速分别为 6.7％、9.9％，远超燃煤、天然气发电、核电等发电类型。预计 2040 年全球新能源发电装机容量占比将达到 41％，其中风电、光伏发电仍是新能源发电装机的主力，分别占比 14％、24％。

2020－2021 年，受新能源资源、装机容量增长以及新冠肺炎疫情等因素共同影响导致电力需求下降，新能源消纳难度加大。一是系统调节能力短期难以大幅提升；二是后补贴时代可能迎来新一轮抢装潮；三是跨省跨区新能源交易组织难度加大。

根据新能源消纳能力初步测算，2020 年全国新能源利用率整体可以保持 95％以上，但个别省区面临较大压力。预计甘肃、新疆新能源利用率仍低于 95％，但较 2019 年有所提升；冀北、山西、青海受新增装机规模较大等因素影响，新能源利用率将低于 95％。

6.1 世界新能源发电发展趋势

全球新能源发电将保持快速发展。根据国际能源署《世界能源展望 2019》，未来新能源发电仍将是未来发电装机增长最快的电源类型。在已公布政策情景下[1]，2018—2040 年风电、光伏发电装机容量年均增速分别为 5.6%、8.8%，发电年均增速分别为 6.7%、9.9%，远超燃煤、天然气发电、核电等发电类型，如图 6-1 所示。

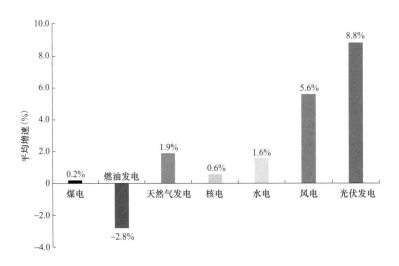

图 6-1　2018—2040 年全球各类型发电装机容量平均增速

数据来源：国际能源署《世界能源展望 2019》，已公布政策情景。

全球新能源发电占比将持续增加。根据国际能源署《世界能源展望 2019》，在已公布政策情景下，预计 2040 年全球新能源发电装机占比将达到 41%，其中风电、光伏发电仍是新能源发电装机的主力，占比分别为 14%、24%，如图 6-2 所示。2018—2040 年风电、光伏装机年均增速分别为 5.6%、8.8%。预计 2040 年全球新能源发电量占比接近 30%，其中风电、光伏发电占比分别为

---

[1]　已公布政策情景是指根据目前各国已经公布的能源发展战略及相关政策进行发展预测的情景。

13％和11％，如图6-3所示。在可持续发展情景下❶，新能源发电装机容量和发电量增速将进一步加快，预计2040年全球新能源发电装机容量占比将达到55％，发电量占比将达到49％。

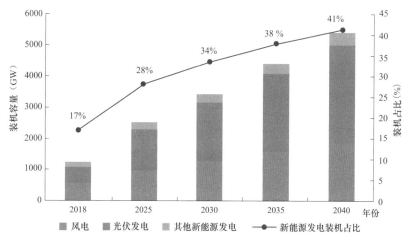

图6-2　全球新能源发电装机容量及占比预测

数据来源：国际能源署《世界能源展望2019》，已公布政策情景。

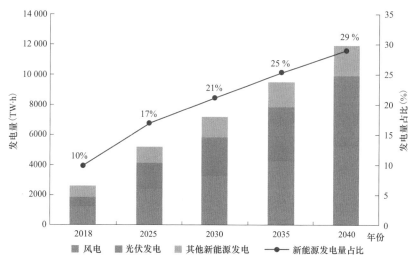

图6-3　全球新能源发电量及占比预测

数据来源：国际能源署《世界能源展望2019》，已公布政策情景。

---

❶ 可持续发展情景下是指根据将全球温升控制在2℃以下进行发展预测的情景。

光伏发电在 2035 年前后成为全球装机规模最大的发电类型。根据国际能源署《世界能源展望 2019》，在已公布政策情景下，2035 年全球光伏发电装机容量将达到 2476GW，占全球发电装机的 21%，成为装机规模最大的发电类型，如图 6-4 所示。

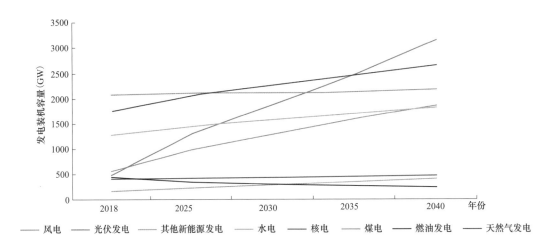

图 6-4　全球各类型发电装机预测

数据来源：国际能源署《世界能源展望 2019》，已公布政策情景。

海上风电发展将提速，成为风电发展重点。未来五年，海上风电年均装机容量将翻番，预计 2030 年海上风电年均新增容量将达到 20GW。根据国际能源署预测，在已公布政策情景下，2040 年全球海上风电装机容量将达到 350GW 以上。分地区看，欧洲和中国将是海上风电发展的主要市场，2040 年合计海上风电装机占全球市场的 70%，美国、韩国、印度、日本等国家也将迎来海上风电的大发展，约占全球市场的 25%。欧洲风能协会预测对欧洲海上风电的预测更为大胆，根据 Wind Europe 2019，预计 2050 年欧洲海上风电规模将达到 450GW，可以满足欧洲 30% 的用电需求。

全球新能源继续呈现大国领跑特征，主要集中在中国、欧洲、印度、美国、日本等国家和地区。根据国际能源署《世界能源展望 2019》，在已公布政策情景下，预计 2040 年中国新能源发电装机容量将达到 1881GW，继续领跑全球，其次分别为印度、欧洲、美国，装机容量分别为 869、857GW 和 680GW，如图 6-5 所示。

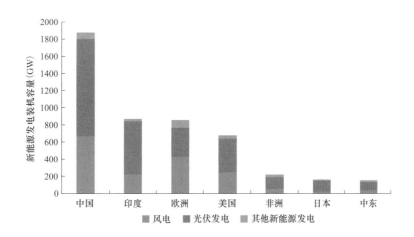

图 6-5　2040 年全球主要国家和地区新能源发电装机容量预测

数据来源：国际能源署《世界能源展望 2019》，已公布政策情景。

6.2　中国新能源发电发展趋势

2020—2021 年，受新能源资源、装机容量增长、电力需求增长等边界条件共同影响，新能源消纳情况可能存在一定的不确定性。**一是系统调节能力提升可能有限**。目前，火电企业效益普遍较差，加之实施火电机组灵活性改造投入较大，灵活性改造动力不足。**二是新增装机存在不确定性**。一方面，受国家补贴政策调整影响，2020、2021 年都存在新能源补贴并网"关门"时间，预计相当规模的新能源将集中并网。另一方面，受 2020 年初新冠肺炎疫情影响，新能源发电设备供应、项目建设等都存在一定程度的延误，实际并网规模存在不确定性。**三是跨省跨区交易组织难度可能增加**。随着配套电源陆续投运、送受端网架持续加强，"三北"地区直流外送能力和送电量持续提升。但受新能源参与市场化交易补贴计算方式改变、消纳责任权重指标考核等因素影响，新能源参与跨省区市场化交易意愿下降，可能影响新能源外送电量规模。

根据新能源消纳能力初步测算，2020 年全国新能源利用率整体可以保持 95％以上，但个别省区面临较大压力。预计甘肃、新疆新能源利用率仍低于 95％，但均较 2019 年有所提升；冀北、山西、青海受新增装机规模可能较大等因素影响，新能源利用率可能低于 95％；华东、华中地区在春节等负荷低谷时段将首次出现限电情况，但新能源整体利用率仍保持较高水平。

2021 年，预计新疆、西藏、冀北随着全社会用电量的稳步提高，新能源消纳矛盾逐步缓解；山西、河南受 2020 年底风电大规模抢装（新增并网需求超过 1000 万 kW）影响，新能源利用率将分别下降至 93.0％、93.7％。

按照《国家能源局关于 2020 年风电、光伏发电项目建设有关事项的通知》（国能发新能〔2020〕17 号）要求，2020 年 5 月，全国新能源消纳监测预警中心会同国家电网有限公司、南方电网公司、内蒙古电力公司首次下发了各省（区、市）2020 年风电、光伏发电新增消纳能力。根据《全国新能源消纳监测预警中心关于发布 2020 年全国风电、光伏发电新增消纳能力的公告》，按剔除一季度限发电量，同时考虑完成《清洁能源消纳行动计划（2018－2020 年）》确定的全国及重点地区风电、光伏发电利用率目标的前提下，2020 年全国风电、光伏发电合计新增消纳能力 8510 万 kW，其中风电 3665 万 kW、光伏发电 4845 万 kW。其中，国家电网有限公司经营区风电、光伏发电合计新增消纳能力 6850 万 kW，其中风电 2945 万 kW、光伏发电 3905 万 kW；南方电网公司经营区风电、光伏发电合计新增消纳能力 1360 万 kW，其中风电 620 万 kW、光伏发电 740 万 kW；内蒙古电力公司经营区风电、光伏发电合计新增消纳能力 300 万 kW，其中风电 100 万 kW、光伏发电 200 万 kW。2020 年全国风电、光伏发电新增消纳能力如表 6-1 所示。

表 6 - 1 　　　　　　　　2020 年全国风电、光伏发电新增消纳能力

省（区、市）	风电新增消纳能力 （万 kW）	光伏发电新增消纳能力 （万 kW）
北京	5	25
天津	30	65
冀北	110	100
冀南	20	230
山西	200	235
山东	200	440
蒙西	100	200
蒙东	100	80
辽宁	120	140
吉林	100	60
黑龙江	60	100
陕西	130	230
甘肃	100	100
青海	100	300
宁夏	150	125
新疆	150	120
上海	5	40
江苏	405	325
浙江	35	250
安徽	60	160
福建	70	130
河南	250	150
湖北	150	150
湖南	65	90
江西	90	180
四川	20	75
重庆	20	5

续表

省（区、市）	风电新增消纳能力 （万 kW）	光伏发电新增消纳能力 （万 kW）
西藏	0	0
广东	320	180
广西	200	100
海南	0	10
贵州	80	270
云南	20	180
全国	**3665**	**4845**

注　1. 2020 年新能源新增消纳能力是指按照国家消纳目标要求并综合考虑各地区实际情况，各电
网企业经营区范围内 2020 年全年新能源合理新增并网规模。2020 年新能源新增建设规模宜
结合 2020 年及"十四五"初期消纳能力统筹安排。

2. 新增装机总规模含内蒙古向华北区域点对网特高压直流送电通道配套风电 200 万 kW。

3. 特高压直流配套新能源项目建议根据直流工程建设情况和省间送电计划落实情况安排新增
规模。

4. 按照国能发新能〔2020〕24 号文件要求，西藏新建光伏发电项目，由自治区按照全部电力
电量在区内消纳及监测预警等管理要求自行管理。

7

专题研究

7.1 补贴政策调整对新能源发展的影响

7.1.1 新能源补贴退坡相关政策要点分析

开展风电、光伏发电无补贴平价上网试点，着力推进无补贴平价上网项目建设。国家发展和改革委员会、国家能源局下发《关于积极推进风电、光伏发电无补贴平价上网有关工作的通知》（发改能源〔2019〕19号），提出现阶段的无补贴项目主要是在资源条件优越、消纳市场有保障的地区开展，由省级政府能源主管部门组织实施本地区平价上网和低价上网项目，不受年度建设规模限制；地方政府部门对平价和低价上网项目在土地利用及土地相关收费方面予以支持，降低项目非技术成本；对电网企业提出相关要求，包括确保平价上网项目所发电量全额上网，负责投资项目升压站之外的接网等全部配套电网工程，与发电企业签订不少于20年的长期固定电价购售电合同。2019年5月20日，国家发展和改革委员会、国家能源局下发《关于2019年第一批风电、光伏发电平价上网项目的通知》（发改办能源〔2019〕594号），公布了第一批风光发电平价上网项目，总规模2076万kW。其中风电451万kW，光伏发电1478万kW，分布式市场化交易项目147万kW。

完善新能源上网电价政策，下调风电、太阳能发电指导价，并设置电价补贴退坡时间，进一步完善风光上网电价形成机制。国家发展和改革委员会下发的《关于完善风电上网电价政策的通知》（发改价格〔2019〕882号）、《关于完善光伏发电上网电价机制有关问题的通知》（发改价格〔2019〕761号）、《关于2020年光伏发电上网电价政策有关事项的通知》（发改价格〔2020〕511号）提出，新增集中式陆上风电、海上风电、集中式光伏电站、工商业分布式项目，其上网电价均通过竞争方式确定，且不得超过指导价。**下调风电、太阳能发电指导价**。2019年集中式光伏电站Ⅰ～Ⅲ类资源区指导价分别为0.4、0.45、0.55元/（kW·h），2020年指导价为0.35、0.4、0.49元/（kW·h），"全额上网"的工商业分布式光伏发电，按所在资源区集中式光伏电站指导价执行，陆上风电Ⅰ～Ⅳ类资源区 2019 年指导价分别为 0.34、0.39、0.43、0.52 元/（kW·h），2020 年指导价分别为 0.29、0.34、0.38、0.47 元/（kW·h），新核准潮间带风电项目上网电价不得高于所在地陆上风电指导价，新核准近海风电项目 2019 年指导价为 0.8 元/（kW·h），2020 年指导价为 0.75 元/（kW·h）。**设定补贴关门时间**。2018 年底前核准的陆上风电，2020 年底前未并网的，不再补贴；2019－2020 年核准的陆上风电，2021 年底前未并网的，不再补贴。2018 年底前核准的海上风电项目，在 2021 年底前全部机组完成并网的，执行核准时的上网电价；2022 年及以后全部机组完成并网的，执行并网年份的指导价。已纳入国家计划、2019 年 6 月 30 日之前建成并网的集中式光伏发电项目，执行 2018 年电价。**降低分布式光伏发电项目补贴标准**。户用分布式光伏发电项目实行定额补助标准 2019 年为 0.18 元/（kW·h），2020 年为 0.08 元/（kW·h）。"自发自用、余量上网"的工商业分布式光伏发电项目定额补助标准 2019 年为 0.10 元/（kW·h），2020 年为 0.05 元/（kW·h）。"全额上网"的工商业分布式光伏发电项目补助标准按照集中式光伏电站执行，2019 年不得超过 0.1 元/（kW·h），2020 年不超过 0.05 元/（kW·h），如表 7 - 1 所示。

表 7 - 1　　　　　　　　　　　　风光补贴退坡时间表

核准时间	2018 年	2019 年	2020 年	2021 年
陆上风电	（1）Ⅰ～Ⅳ类资源区标杆电价为 0.40、0.45、0.49、0.57 元/（kW·h）； （2）2020 年底前未并网的，不再补贴	（1）Ⅰ～Ⅳ类资源区指导价为 0.34、0.39、0.43、0.52 元/（kW·h）； （2）2021 年底前未并网的，不再补贴	（1）Ⅰ～Ⅳ类资源区指导价为 0.29、0.34、0.38、0.47 元/（kW·h）； （2）2021 年底前未并网的，不再补贴	无补贴
海上风电	（1）标杆电价为 0.8 元/（kW·h）； （2）2021 年底前完成并网执行核准时的上网电价，2022 年及以后完成并网的，执行并网年份的指导价	指导价为 0.8 元/（kW·h）	指导价为 0.75 元/（kW·h）	

续表

核准时间	2018 年	2019 年	2020 年	2021 年
集中式光伏发电	5 月 31 日起，Ⅰ～Ⅲ类资源区标杆上网电价为 0.5、0.6、0.7 元/（kW·h）	7 月 1 日起，Ⅰ～Ⅲ类资源区指导价为 0.40、0.45、0.55 元/（kW·h）	7 月 1 日起，Ⅰ～Ⅲ类资源区指导价为 0.35、0.4、0.49 元/（kW·h）	
分布式光伏发电	5 月 31 日起，补贴标准为 0.32 元/（kW·h）	（1）7 月 1 日起，工商业分布式补贴 0.10 元/（kW·h）；（2）7 月 1 日起，户用分布式补贴 0.18 元/（kW·h）	（1）7 月 1 日起，工商业分布式补贴 0.05 元/（kW·h）；（2）7 月 1 日起，户用分布式补贴 0.08 元/（kW·h）	
光伏扶贫电站	Ⅰ～Ⅲ类资源区上网电价为 0.65、0.75、0.85 元/（kW·h）	Ⅰ～Ⅲ类资源区上网电价为 0.65、0.75、0.85 元/（kW·h）	Ⅰ～Ⅲ类资源区上网电价为 0.65、0.75、0.85 元/（kW·h）	

适应电力市场化改革和新能源市场化交易的需要，调整可再生能源补贴资金标准的计算方法。财政部下发的《关于下达可再生能源电价附加补助资金预算的通知》（财建〔2019〕275、276 号）、《关于印发可再生能源电价附加资金管理办法》的通知（财建〔2020〕5 号），进一步降低补贴额度，调整了补贴标准的计算方法。按照上网电价（含通过招标等竞争方式确定的上网电价）给予补贴的可再生能源发电项目：补助标准＝（电网企业收购电价－燃煤标杆上网电价）/（1＋适用增值税税率）；按照定额补贴的可再生能源发电项目：补贴标准＝定额补贴标准/（1＋适用增值税税率）。

7.1.2 新能源补贴结算机制

我国新能源发电的定价机制可以追溯到 2006 年实施的《中华人民共和国可再生能源法》，为了支持可再生能源电力发展，法律规定了对可再生能源价格管理与费用分摊方式。随后 2012 年印发了《可再生能源电价附加补助资金管理暂行办法》（财建〔2012〕102 号），提出可再生能源发电项目上网电量的补助标准，根据可再生能源上网电价、脱硫燃煤机组标杆电价等因素确定。随着非水可再生能源发电规模不断扩大，补贴资金缺口持续增加，近期财政部陆续印发了财建〔2019〕275、〔2019〕276、〔2020〕5号文，提出完善现行补贴方式，优化可再生能源电价附加资金管理。

体现"价补分离"的趋势。文件提出，按照合理利用小时数核定单个项目补贴额度，达到补贴资金额度的项目不再享受国家补贴，即每个项目每年的补贴都有上限。对于已按规定核准（备案）、全部机组完成并网，同时经审核纳入补贴目录的可再生能源发电项目，根据国家发展和改革委员会核定电价时采用的年利用小时数和补贴年限核定中央补贴额度。达到补贴资金额度的项目不再享受国家补贴，但仍可按照燃煤发电上网基准价与电网企业进行结算。

补贴项目管理主体变化。国家不再发放补助目录，改为由电网企业发布补贴项目清单，确认需要享受补贴的项目。之前，可再生能源发电企业需向当地省级财政、价格、能源主管部门提出补助申请，省级财政、价格、能源主管部门初审后联合上报财政部、国家发展和改革委员会、国家能源局，经三部委审核后纳入补助目录；之后，可再生能源项目通过国家可再生能源信息管理平台填报电价附加申请信息，电网企业确定并定期向全社会公开符合补助条件的可再生能源发电项目清单，并将清单审核情况报财政部、国家发展和改革委员会。

适应市场化改革的需要，项目补助算法做相应调整。适应电力市场化改革的推进，补贴标准的计算由"可再生能源上网电价－火电标杆电价"确定，改为"基于电网企业收购电价－火电标杆电价"确定。2012年《可再生能源电价附加补助资金管理暂行办法》规定，可再生能源发电项目上网电量的补助标准，根据可再生能源上网电价、脱硫燃煤机组标杆电价等因素确定；最新政策中关于补助标准规定，对于按照上网电价给予补助的可再生能源发电量，补助标准基于电网企业收购电价和燃煤发电上网基准价差值确定。

7.1.3 对新能源发展的影响分析

从国家可再生能源补贴管理政策调整的趋势来看，总体是积极推动新能源健康可持续发展，确保新增项目的收益，并为尽快解决可再生能源补贴拖欠难题指明了方向。新增补贴项目规模由新增补贴收入决定，做到新增项目不新欠；开源节流，通过多种方式增加补贴收入、减少不合规补贴需求，缓解存量项目补贴压力；凡符合条件的存量项目均纳入补贴清单。因此，新的补贴管理机制建立后，随着以收定支、新增项目不新欠以及合规项目纳入补贴清单等措施的落地，可再生能源发电项目将具有稳定的收益，为彻底解决可再生能源补贴资金拖欠问题提供了保障。金融机构可据此作为评估项目的依据，按照市场化原则，对绿色能源予以支持，共同促进可再生能源行业可持续发展。

7.2 可再生能源消纳责任权重完成情况分析

7.2.1 2019 年我国可再生能源消纳责任权重完成情况

2019 年，全国可再生能源电力总量消纳责任权重整体完成情况良好。全年全国可再生能源消纳量19 938亿 kW·h，占全社会用电量的 27.5%。2019 年，全国非水电可再生能源消纳责任权重整体完成情况良好。全年全国非水电可再生能源消纳量 7388 亿 kW·h，占全社会用电量的 10.2%。

分省份来看，21 个省份可以完成非水电可再生能源消纳责任权重；其中 4 个省份完成情况良好，非水电可再生能源消纳量占全社会用电量的比重超过国家规定最低权重 3 个百分点以上。2019 年，吉林、河南、宁夏、云南 4 个省份非水电可再生能源消纳责任权重完成情况良好，4 个省份非水电可再生能源消纳责任权重高于国家规定最低消纳权重指标 3 个百分点以上，如表 7 - 2 所示。

17 个省份非水电可再生能源消纳责任权重超出国家规定最低消纳权重指标 0～3 个百分点。 2019 年，江苏、浙江、福建、广东等 17 个省份较好完成了非水电消纳责任权重指标，超出国家规定指标 0～3 个百分点，详见表 7-3。

表 7-2　　2019 年全国非水电可再生能源消纳责任权重完成情况最好的 4 个省份

地区	2019 年非水电可再生能源消纳责任权重	国家规定最低消纳权重指标	差额
吉林	18.8%	15.5%	3.3%
河南	13.1%	9.5%	3.6%
宁夏	21.3%	18.0%	3.3%
云南	16.3%	11.5%	4.8%

表 7-3　　2019 年非水电可再生能源消纳责任权重完成情况较好的 17 个省份

实际完成情况超国家规定指标	地区	2019 年非水电可再生能源消纳责任权重	国家规定最低消纳权重指标	差额
0～1 个百分点	江苏	7.4%	6.5%	0.9%
	浙江	6.7%	6.5%	0.2%
	福建	5.6%	5.0%	0.6%
	广东	4.2%	3.5%	0.7%
	贵州	5.2%	5.0%	0.2%
1～2 个百分点	山东	11.1%	10.0%	1.1%
	上海	4.2%	3.0%	1.2%
	安徽	12.3%	10.5%	1.8%
	江西	8.7%	7.0%	1.7%
	重庆	4.0%	2.5%	1.5%
	陕西	11.7%	10.5%	1.2%
	广西	6.5%	4.5%	2.0%
	海南	6.8%	5.0%	1.8%
2～3 个百分点	山西	16.2%	13.5%	2.7%
	辽宁	12.5%	10.0%	2.5%
	黑龙江	20.2%	17.5%	2.7%
	四川	5.6%	3.5%	2.1%

部分省份非水电可再生能源消纳责任权重指标低于国家规定最低消纳权重

指标要求。2019 年，北京、天津、河北、内蒙古、湖北、湖南、甘肃、青海、新疆 9 个省份非水电可再生能源消纳责任权重指标低于国家规定最低消纳权重指标，如表 7-4 所示。

表 7-4   2019 年未完成非水电可再生能源消纳责任权重省份

地区	2019 年非水电可再生能源消纳责任权重	国家规定最低消纳权重指标	差额
北京	12.0%	13.5%	-1.5%
天津	12.0%	13.5%	-1.5%
河北	13.0%	13.5%	-0.5%
内蒙古	16.7%	18.0%	-1.3%
湖北	7.8%	9.0%	-1.2%
湖南	8.6%	11.5%	-2.9%
甘肃	16.9%	17.0%	-0.1%
青海	19.7%	23.0%	-3.3%
新疆	11.1%	12.0%	-0.9%

7.2.2 典型省份可再生能源消纳责任权重完成情况分析

（一）宁夏可再生能源消纳责任权重完成情况分析

2019 年，宁夏可再生能源发电量为 324 亿 kW·h，其中新能源、水电发电量分别为 303 亿、22 亿 kW·h。2019 年，宁夏可再生能源省间净送出电量 45 亿 kW·h，其中新能源省间净送出电量 72 亿 kW·h，水电省间净受入电量 27 亿 kW·h。2019 年，宁夏全社会用电量为 1084 亿 kW·h。

2019 年宁夏可再生能源电力消纳量占全社会用电量的比重为 25.7%，非水电可再生能源电力消纳量占全社会用电量的比重为 21.3%，完成了国家规定的 2019 年可再生能源总量消纳责任权重和非水电可再生能源消纳责任权重要求。 国家政策规定 2019 年宁夏可再生能源总量消纳责任权重指标为 20.0%，非水电可再生能源消纳责任权重指标为 18.0%。

（二）甘肃可再生能源消纳责任权重完成情况分析

2019 年，甘肃可再生能源发电量为 849 亿 kW·h，其中新能源、水电发电量分别为 352 亿、496 亿 kW·h。2019 年，甘肃可再生能源省间净送出电量 153 亿 kW·h，其中新能源省间净送出电量 134 亿 kW·h，水电省间净送出电量 19 亿 kW·h。2019 年，甘肃全社会用电量为 1288 亿 kW·h。

2019 年甘肃可再生能源电力消纳量占全社会用电量的比重为 53.9%，非水电可再生能源电力消纳量占全社会用电量的比重为 16.9%，可以完成国家规定的 2019 年可再生能源总量消纳责任权重要求，非水电消纳责任权重要求接近完成。 国家政策规定 2019 年甘肃可再生能源总量消纳责任权重指标为 44.0%，非水电可再生能源消纳责任权重指标为 17.0%。

（三）浙江可再生能源消纳责任权重完成情况分析

2019 年，浙江可再生能源发电量为 515 亿 kW·h，其中新能源、水电发电量分别为 258 亿、257 亿 kW·h。2019 年，浙江可再生能源省间净受入电量 431 亿 kW·h，其中新能源省间净受入电量 61 亿 kW·h，水电省间净受入电量 370 亿 kW·h。2019 年，浙江全社会用电量为 4706 亿 kW·h。

2019 年浙江可再生能源电力消纳量占全社会用电量的比重为 20.0%，非水电可再生能源电力消纳量占全社会用电量的比重为 6.7%，可以完成国家规定的 2019 年可再生能源总量消纳责任权重和非水电消纳责任权重要求。 国家政策规定 2019 年浙江可再生能源总量消纳责任权重指标为 17.5%，非水电可再生能源消纳责任权重指标为 6.5%。

（四）湖北可再生能源消纳责任权重完成情况分析

2019 年，湖北可再生能源发电量为 1517 亿 kW·h，其中新能源、水电发电量分别为 160 亿、1357 亿 kW·h。2019 年，湖北可再生能源省间净送出电量 796 亿 kW·h，其中新能源省间净受入电量 14 亿 kW·h，水电省间净送出电量 810 亿 kW·h。2019 年，湖北全社会用电量为 2214 亿 kW·h。

2019 年湖北可再生能源电力消纳量占全社会用电量的比重为 32.5%，非水

电可再生能源电力消纳量占全社会用电量的比重为 **7.8%，无法完成国家规定**
的 2019 年可再生能源总量消纳责任权重和非水电消纳责任权重要求。国家政策
规定 2019 年湖北可再生能源总量消纳责任权重指标为 37.5%，非水电可再生
能源消纳责任权重指标为 9.0%。

7.2.3 影响可再生能源消纳责任权重完成的主要因素分析

各省可再生能源消纳责任权重完成情况，主要受本省可再生能源新增装机
容量及发电量、全社会用电量、跨省区输电通道可再生能源输送电量及占比等
因素影响。

（一）可再生能源发电装机

增加本地新能源发电装机可以增加本地新能源发电量，更有利于完成
消纳责任权重，但若超规模发展，可能增加新能源消纳压力。可再生能源
消纳责任权重是对各省电力消费设定应当达到的可再生能源电量比重，主
要反映新能源利用水平。从完成可再生能源消纳责任权重的角度，本地新
建可再生能源发电项目，可以增加本地可再生能源发电量，更有利于本省
消纳责任权重完成。但如果部分省份为完成消纳责任权重，在消纳条件不
落实的情况下增加新能源发电装机，将有可能引发新的弃电问题，增加新
能源消纳压力。

（二）全社会用电量增长

较高的全社会用电量有利于提升新能源消纳空间，但也意味着要承担更多
电力消纳量，在由自然原因等导致新能源发电量不及预期时，将增加本省完成
消纳责任权重的压力。从电力系统物理特性的角度来看，全社会用电量增加意
味着用电需求量增加，系统消纳新能源的空间增加，更有利于新能源发电占比
增加。但同时，更高的全社会用电量意味着需要承担更多的消纳量，由于增加
的用电空间在时间尺度上不一定与新能源出力特性完全匹配，同时考虑可能出
现的网络阻塞、自然原因等，如果新能源发电量增长不及预期，本省完成消纳

责任权重的压力将会增加。

（三）省间可再生能源交易电量认定

跨省区通道可再生能源省间交易电量确定，对于各省可再生能源消纳责任权重完成情况影响重大。可再生能源外送电比例过大，可能导致送端省份消纳责任权重无法完成；外送电比例过小，受端省份消纳责任权重可能无法完成。可再生能源消纳保障实施之后，国务院能源主管部门将对各省级行政区消纳责任权重完成情况进行考核，送受端省份均有完成消纳责任权重指标的压力，都希望更多消纳可再生能源。可再生能源省间交易电量规模确定，直接影响送受端省份可再生能源消纳责任权重完成情况。以甘肃、湖南两省的非水电可再生能源消纳责任权重为例进行分析。按照《国家发展改革委 国家能源局关于建立健全可再生能源电力消纳保障机制的通知》，2019 年甘肃、湖南非水电可再生能源最低消纳责任权重分别为 17％和 11.5％。2019 年，甘肃、湖南实际完成的非水电可再生能源消纳责任权重分别为 16.9％和 8.6％，甘肃基本完成 2019 年非水电可再生能源消纳责任权重，湖南未完成。若甘肃送湖南新能源电量在 2019 年实际交易电量基础上再增加 60 亿 kW·h，则 2019 年甘肃、湖南完成非水电可再生能源消纳责任权重将分别为 12.7％和 11.6％。在此情况下，湖南可以完成 2019 年非水电可再生能源消纳责任权重，甘肃则无法完成。

新能源市场化交易组织开展情况，直接影响各省级行政区以及各类市场主体消纳责任权重完成情况。**未来需要及时关注可再生能源发电补贴标准变化对新能源市场化交易规模的影响，以及对各省及市场主体消纳责任权重完成情况的影响。**

7.2.4 2020 年落实可再生能源消纳责任权重需要关注的重点问题

2020 年 5 月 18 日，国家发展和改革委员会、国家能源局发布《关于印发各省级行政区域 2020 年可再生能源电力消纳责任权重的通知》，**正式提出各省**

级行政区域 2020 年可再生能源电力消纳责任权重。其中内蒙古、新疆、甘肃等送端省下调了消纳责任权重指标，山东、安徽、河南等受端省上调了消纳责任权重指标。

实施可再生能源消纳保障机制，旨在通过消纳责任权重指标约束，打破省间壁垒，激励受端省份购买西部、北部地区可再生能源电力，促进可再生能源消纳，实现资源大范围优化配置。从全国整体情况来看，全国非水电可再生能源消纳水平逐年提升，推动国家非化石能源占一次能源消费比重不断上升。2019 年，全国非水电可再生能源电力消纳量为 7388 亿 kW·h，占全社会用电量比重为 10.2%。结合 2020 年指标来看，2020 年，全国非水电可再生能源电力消纳量 8034 亿 kW·h，同比增加 646 亿 kW·h；非水电可再生能源电力消纳量占全社会用电量比重为 10.8%，同比提高 0.6 个百分点。

分省来看，2020 年各省消纳责任权重总体上体现了逐步提升、引导发展、促进消纳的原则，同时与省内能源转型发展目标相衔接。25 个省份的 2020 年非水电消纳责任权重指标高于 2019 年。青海 2020 年非水电消纳责任权重为25%，与青海省创建国家清洁能源示范省的发展目标相一致。吉林、河南、云南 2020 年非水电消纳责任权重较 2019 年显著提升，增长 3 个百分点以上，如表 7-5 所示。

表 7-5　　　　　　2020 年部分省份非水电消纳责任权重指标

地区	2019 年最低非水电消纳责任权重	2020 年最低非水电消纳责任权重	指标增长
吉林	15.5%	18.5%	3 个百分点
河南	9.5%	12.5%	3 个百分点
云南	11.5%	15.0%	3.5 个百分点

根据 2020 年消纳责任权重完成情况预估，青海、新疆等部分省份完成2020 年消纳责任权重存在一定难度。青海：预期 2020 年完成非水电消纳责任

权重 20%，低于国家下发 25% 的非水电消纳责任权重指标。**新疆：**预计新疆 2020 年完成非水电消纳责任权重 9.4%，低于国家下发 10.5% 的非水电消纳责任权重指标。

2019 年国家对承担消纳责任的市场主体只是试考核，自 2020 年起全面进行监测评价和正式考核，将进一步发挥可再生能源电力消纳保障机制对新能源消纳的促进作用。

7.3 新能源市场化交易促进新能源消纳成效评估

7.3.1 我国新能源市场化交易现状

近年来，为促进新能源消纳，我国很多地区开展了新能源市场化交易探索，包括开展新能源与大用户直接交易、新能源与火电发电权交易、新能源跨省区中长期交易、新能源跨区现货交易，以及建立调峰辅助服务市场等。据不完全统计，2019 年新能源市场化交易电量 1451 亿 kW·h，占新能源发电量比重为 28.4%。其中，新能源与大用户直接交易、发电权交易等省内新能源交易电量 571 亿 kW·h，新能源跨省区交易电量为 880 亿 kW·h。此外，通过调峰辅助服务市场增加新能源消纳电量 189 亿 kW·h。

（一）新能源与大用户直接交易机制

基本情况：新能源与大用户直接交易（大用户直购电）是指由省发展改革委员会、能源局、省电力公司等组织，新能源发电企业与钢铁、冶金行业等大型用电企业通过电力交易平台进行的交易；其基本思路是以优惠的电价来吸引用电量大的工业企业使用新能源，通过市场化方式促进新能源消纳。新能源参与大用户直购电，交易价格、交易量由双方协商确定，或者通过集中撮合、集中竞价方式确定。

交易现状：2002 年电力体制改革实施以来，我国就开展了发电企业与大用户直接交易方面的试点和探索，起初大部分省份要求参与交易电源必须为火电机组，也有内蒙古等省份允许集中式光伏发电企业、风力发电企业参与直接交易。新一轮电改以来，青海、新疆、内蒙古、宁夏、山西、辽宁等新能源富集省份均积极开展了新能源与大用户直接交易。2019 年，国家电网有限公司经营区新能源与大用户省内直接交易电量 429 亿 kW•h，同比增长 55.3%。

（二）新能源发电与火电发电权交易机制

基本情况： 新能源发电权交易，主要是新能源发电企业与燃煤自备电厂之间的发电权置换。当电网由于调峰或网架约束等原因被迫弃风时，参与交易的燃煤自备电厂减少发电，为新能源让路，由新能源发电企业替代自备电厂发电，同时给予自备电厂一定经济补偿，补偿价格由燃煤自备电厂与新能源发电企业自行商定。

交易现状： 2019 年，在甘肃、新疆自备电厂装机较大地区，通过新能源发电企业与自备电厂发电权交易模式，促进新能源消纳，国家电网有限公司经营区全年完成交易电量 142 亿 kW•h，同比下降 5.3%。

（三）调峰辅助服务市场交易机制

基本情况： 我国建立电力调峰辅助服务市场是落实"两个细则❶"的重要突破。随着新能源的大规模并网，电力系统调节手段不足的问题越来越突出，原有的辅助服务计划补偿模式已不能满足电网运行需求。在调峰空间极为有限的条件下，东北地区率先开展电力调峰辅助服务市场探索。2014 年 10 月，东北电力调峰辅助服务市场启动运行，在全国范围内首次开展调峰辅助服务市场化尝试。随后，我国多个省份及地区开始了电力调峰辅助服务的市场化探索。

交易现状： 截至 2019 年底，国家电网有限公司经营区 5 个区域、13 个省

---

❶ "两个细则"指《并网发电厂辅助服务管理实施细则》《发电厂并网运行管理实施细则》。

级电网制定出台调峰辅助服务市场规则，其中 4 个区域、12 个省级电网调峰辅助服务市场正式运行。2019 年，通过调峰辅助服务市场机制驱动常规电源调峰多消纳新能源发电量 189 亿 kW·h，同比增加 80%。

（四）新能源跨省区中长期交易

基本情况： 2012 年 12 月 7 日，为发挥市场在资源优化配置中的基础作用，国家电力监管委员会发布了《跨省跨区电能交易基本规则（试行）》，规范跨省跨区电能交易行为。2018 年 8 月，北京电力交易中心印发《跨区跨省电力中长期交易实施细则（暂行）》，提出跨省区交易按照交易标的分为省间外送交易、跨省区电力直接交易和跨省区发电权交易。

交易现状： 近年来，新能源跨省区中长期交易电量稳步提升。以国家电网有限公司经营区为例，2010 年新能源跨省区中长期交易电量仅 1.5 亿 kW·h，2013 年突破 100 亿 kW·h，2019 年达到 830 亿 kW·h，同比增长 26%。其中，省间外送交易、电力直接交易、发电权交易电量分别为 674.4 亿、117.1 亿、38.3 亿 kW·h。

（五）新能源跨区现货交易

基本情况： 目前，新能源跨区现货交易是在跨区域省间富余可再生能源电力现货交易框架下开展的。2017 年 8 月 15 日，《跨区域省间富裕可再生能源电力现货试点规则（试行）》发布，国家电力调度控制中心会同北京电力交易中心通过跨区域输电通道，组织电网企业与水电、风电、光伏发电等可再生能源发电企业开展电力现货交易。

7.3.2 新能源市场化交易机制成效评估

以典型新能源富集省份为例，对新能源消纳的典型交易机制促进新能源消纳的成效进行量化分析。

（一）大用户直接交易机制

基于某大用户用电不可调节、年用电量情景下，新能源参与大用户交易后约 42% 的负荷电量用于新能源消纳；大用户交易负荷电量可调节模式下，随着负荷调节周期的增加，大用户交易对减少弃风弃光作用效果随之增加，当负荷调节周期增加至 8 日时，减少弃风弃光作用效果基本趋于稳定。在当前弃风弃光规模以及大用户交易电量模式下，大用户直接交易电量占其用电量比例最高只能达到 63%，如图 7-1 所示。

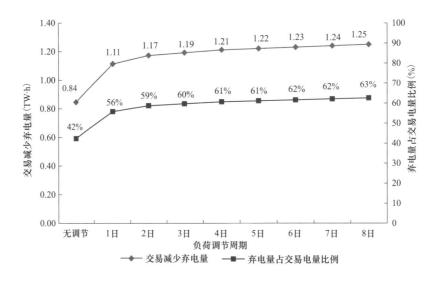

图 7-1 不同负荷调节周期的大用户直接交易促进新能源消纳效果

（二）发电权交易机制

基于实时有功调峰和停机备用两种自备电厂发电权交易模式，采用新能源发电企业与自备电厂发电权交易机制，分别测算提高新能源消纳电量和弃电率（不同模式对应不同开机方式，模式 1 为开机 3 台、模式 2 为开机 2 台、模式 3 为开机 1 台，模式 4 为停机备用），结果见表 7-6。随着自备电厂停机数量的增加，可交易的新能源电量也越多，减少弃电的效果越明显，见表 7-6。

表 7-6　　　　不同发电权交易模式促进新能源消纳效果

统计指标	无替代交易	模式 1	模式 2	模式 3	模式 4
发电权交易电量（TW·h）	0	0.84	1.34	1.83	2.29
新能源限电率（%）	29.7	27.3	25.9	24.6	23.3

续表

统计指标	无替代交易	模式 1	模式 2	模式 3	模式 4
风电限电率（%）	31.5	29.1	27.6	26.2	24.8
光伏限电率（%）	24.2	22.1	20.8	19.6	18.5

（三）调峰辅助服务机制促进新能源消纳效果分析

案例中全网火电机组灵活性改造规模分别为 4、8、12、16GW，火电机组最小技术出力分别达到额定容量的 30% 和 40%，共组合出 8 种计算模式。案例测算结果显示，通过提高火电机组调节能力，并通过调峰辅助服务市场实现火电灵活性的充分利用，可有效提高新能源的消纳，如图 7-2 所示。

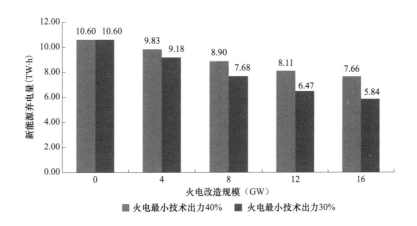

图 7-2 火电调峰辅助服务促进新能源消纳效果分析

（四）新能源跨省区交易机制促进新能源消纳效果分析

根据跨省区交易曲线不同，设置新能源跨省区交易模式如表 7-7 所示。计算结果显示，根据新能源发电优化跨省区外送功率曲线，可提高外送电量中新能源发电占比；因为新能源出力存在波动性，直流发电计划优化的周期越短，外送新能源电量占比越高，在日层面对结合新能源出力优化外送曲线对提高新能源实际外送电量最为明显，在模式 5（日曲线优化）的模式下全年新能源外送电量可占计划总电量（100 亿 kW·h）的 44.9%。如图 7-3 所示。

表 7 - 7　　　　　　　　　　新能源跨省区交易模式场景

模式	优化周期	优化对象	说明
模式 1	年	电量	全年外送功率不变，逐时刻外送功率 1142MW
模式 2	月	电量	根据新能源分月弃电量优化分月交易电量，月内交易功率恒定
模式 3	月	电力	根据月内新能源弃电分布优化日交易曲线，月内每日固定
模式 4	周	电力	根据周内新能源弃电分布优化日交易曲线，周内每日固定
模式 5	日	电力	根据新能源发电出力动态优化逐小时的交易曲线

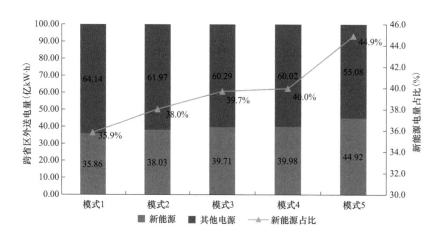

图 7 - 3　不同跨省区交易模式促进新能源消纳效果分析

（五）综合评估

评估结果表明，各类新能源市场化交易机制对降低新能源弃电率、提升新能源消纳水平均有一定的效果，但不同机制对于促进新能源消纳的成效有明显差异。对于大用户直接交易，案例中降低弃电率范围在 2.4～3.4 个百分点；对于发电权交易，案例中降低弃电率范围在 2.4～6.4 个百分点。对于调峰辅助服务市场化交易，案例中降低弃电率范围在 2.2～13.3 个百分点。对于新能源跨省区交易，案例中降低弃电率范围在 10.1～12.6 个百分点，如表 7 - 8 所示。

综合来看，调峰辅助服务市场、新能源跨省区交易两种机制促进新能源消纳的效果更为显著。

表 7 - 8　　　　　　　不同新能源市场化交易机制效果对比

交易效果		交易机制			
		大用户直接交易	发电权交易	调峰辅助服务市场	跨省区交易
弃电量 （亿 kW·h）	交易前	10.6			
	交易后（最大模式）	9.4	8.3	5.8	6.1
弃电率	交易前	29.7%			
	交易后（最大模式）	26.3%	23.2%	16.4%	17.1%

注　最大模式是指案例中设定的不同交易参数或模式中，对新能源消纳促进作用最大的模式。

7.3.3　完善新能源消纳市场机制的建议

结合我国电力市场建设进程，以及不同交易机制对促进新能源消纳成效的评估，建议下一步重点完善我国调峰辅助服务市场机制与新能源跨省区交易机制，进一步发挥市场机制对提升新能源消纳能力的作用。

完善调峰辅助服务市场机制，并做好与现货市场设计衔接，激励各类资源为系统提供灵活调节能力。在电力现货市场成熟建立起来之前，结合我国各地调峰辅助服务市场运行情况，优化调整电力调峰辅助服务市场的报价及分摊机制，激励各类资源提升灵活性能力。加快推进电力现货市场建设，做好现货市场与调峰辅助服务市场的衔接。

完善新能源跨省区交易机制，逐步建立相互开放的、跨省区的统一市场机制，促进新能源在更大范围消纳。建立健全新能源跨省区交易机制，根据新能源发电特点，探索新的交易品种，加强新能源发电与传统电源、送端市场主体与受端市场主体等的利益协调，最大程度提升各方消纳新能源的积极性。推动适应区域经济一体化要求的电力市场建设，逐步形成省间、省内交易协同开展、统一运作的全国电力批发市场，促进新能源更大范围优化配置。

7.4 省级可再生能源电力消纳保障实施方案设计

7.4.1 国家政策要求及各省实施方案出台情况

（一）基本要求

2019 年 5 月，国家发展和改革委员会、国家能源局下发《国家发展改革委 国家能源局关于建立健全可再生能源电力消纳保障机制的通知》（发改能源〔2019〕807 号）（简称《通知》），要求各省级能源主管部门会同经济运行管理部门、所在地区的国务院能源主管部门派出监管机构按年度组织制定本省级行政区域可再生能源电力消纳实施方案（简称"消纳实施方案"）。

2020 年 2 月，国家发展和改革委员会、国家能源局下发《国家发展改革委办公厅 国家能源局综合司关于印发省级可再生能源电力消纳保障实施方案编制大纲的通知》（发改办能源〔2020〕181 号），供各省级能源主管部门编制本地区实施方案参考。根据文件要求，消纳实施方案主要包括年度消纳责任权重及消纳量分配、消纳实施工作机制、消纳责任履行方式、对消纳责任主体的考核方式等；省级电网企业和省属地方电网企业依据消纳实施方案编制电网企业的"消纳责任权重实施细则"，并负责组织所属经营区内承担消纳责任的市场主体完成各自消纳责任权重。

为保证可再生能源电力消纳保障机制政策顺利实施，编制省级可再生能源电力消纳保障实施方案已成为各省的重点工作。省级实施方案对各省完成可再生能源电力消纳责任权重指标将有重要影响。本专题重点对省级可再生能源电力消纳保障实施方案进行探讨。

（二）各省方案出台情况

目前，全国已有贵州、山东两省在《通知》下发之前出台了省级消纳保障实施方案。2019 年 12 月 18 日，贵州省能源局印发《贵州省可再生能源电力消纳实施方案》；2019 年 12 月 31 日，山东发展和改革委员会、山东能源局、山东能监办联合印发《山东省可再生能源电力消纳保障机制实施方案》。

贵州省可再生能源电力消纳实施方案在消纳责任履行方式、组织实施、督导考核等方面与国家实施大纲基本一致。但在承担主体的设计上与国家实施大纲有一定差异。在承担主体方面，则仅考虑第一类市场主体（售电企业），由两家供电企业作为市场主体承担考核责任；并承担差异性消纳责任权重指标。2020 年，贵州省可再生能源电力消纳责任由贵州电网公司和贵州金州电力有限公司承担，且承担差异性指标，如表 7 - 9 所示。

表 7 - 9　　　　贵州省可再生能源电力消纳责任权重分配方案

序号	名称	2020 年总量消纳责任权重		2020 年非水电消纳责任权重	
		最低目标	激励目标	最低目标	激励目标
	全省	31.5%	34.7%	5.0%	5.5%
1	贵州电网有限责任公司	31.9%	35.1%	5.1%	5.6%
2	贵州金州电力有限责任公司	15.5%	17.1%	1.1%	1.2%

山东省可再生能源电力消纳保障机制实施方案在消纳责任承担主体、履行方式、组织实施、督导考核等方面与国家实施大纲基本一致，但在市场主体和指标分配方面，与国家实施大纲有一定差异。一是仅设立非水电可再生能源电力消纳责任权重。考虑到山东省水电规模有限，且国家规定的 2020 年山东省总量消纳责任权重和非水电消纳责任权重一致，山东省在实际工作中只设定非水电消纳责任权重。二是消纳责任权重指标没有直接分配给第一、第二市场主体，而是按直接分配给了设区的市级行政区域来设定消纳责任权重。按年度向市级行政区域下达消纳责任权重，各市政府承担本行政区域内消纳责任权重，并制定实施方案。

7.4.2 消纳保障实施方案设计原则及需要考虑的主要因素

（一）基本原则

省级可再生能源消纳实施方案的制定应遵循如下原则：

(1) 在《中华人民共和国可再生能源法》《国家发展改革委　国家能源局关于建立健全可再生能源电力消纳保障机制的通知》等国家法律、政策文件的框架下开展实施方案设计。

如对电网公司的责任要求方面，《中华人民共和国可再生能源法》规定我国可再生能源实行全额保障性收购制度，电网企业全额收购其电网覆盖范围内符合并网技术标准的可再生能源并网发电项目的上网电量。可再生能源消纳保障实施方案设计应充分考虑可再生能源全额保障性收购制度。

(2) 充分考虑提高可再生能源利用水平，以实际物理量交易为主开展消纳实施方案设计，将超额消纳量交易和绿证交易作为补充。

促进可再生能源消纳是我国可再生能源消纳保障机制设计的初衷，主要通过以实际完成可再生能源消纳物理量来促进可再生能源消纳。新能源发电出力具有间歇性、波动性和季节性特点，应根据不同可再生能源消纳责任主体的特点，合理分配可再生能源消纳责任权重指标。超额消纳量和绿证交易主要是金融性交易，仅是可再生能源消纳责任权重完成的补充手段。

(3) 综合考虑国家关于提高特高压线路输送清洁能源比例要求以及本地可再生能源消纳责任权重指标要求，做到外送和就地消纳的平衡。

我国已建成数十条特高压交直流线路，国家发展和改革委员会、国家能源局印发的《提升输电通道利用率三年行动计划（2018—2020 年)》的通知提出：到 2020 年，已建特高压直流输电能力接近设计水平，整体通道利用小时数超过 4000h，力争达到 4500h 以上；清洁能源输送比例明显提升，输送清洁能源平均占比力争超过 50%。对于送端省份，若外送可再生能源占比过高，可能无法完成本省可再生能源消纳责任权重指标，各责任主体需参与省间超额消纳量交易。另一方面，近年来随着中东部省份能源消费总量控制和环保要求提高，其对外来电中清洁能源的占比要求越来越高，如果输电通道清洁能源输占比过低，可能影响受端省愿意接纳的总电量规模，从而影响送端省的可再生能源消纳。因此，在制定实施方案时应充分考虑外送和省内权重指标的平衡。

（二）消纳实施方案编制需要注意的问题

（1）计及网损、厂用电电量的消纳权重调整。

我国可再生能源消纳责任权重承担主体在售用电侧，全社会用电量中的网损电量所对应的消纳量没有承担主体，若直接将国家下发的权重指标分配给各个市场主体，可能会出现省内各市场主体全部完成消纳责任权重，但省级整体消纳责任权重没有完成的情况。因此，需要对市场主体承担的消纳责任权重进行调整。研究表明，根据往年网损占全社会用电量的比例，在国家指标基础上对市场主体承担的消纳责任权重进行适当调整，简单可行。

可再生能源消纳责任权重调整值＝国家下发的可再生能源消纳责任权重÷（1－网损占全社会用电量的百分比）

可再生能源消纳责任权重指标测算与考核均以行政区域内生产且消纳的可再生能源电量为基础。市场主体最终消纳的可再生能源电量为上网电量，可再生能源发电的厂用电量也应计入本行政区可再生能源有效消纳量，因此各市场主体共需要承担的权重指标为

市场主体承担的消纳责任权重＝可再生能源消纳责任权重调整值×（可再生能源上网电量÷可再生能源发电量）

（2）各市场主体承担消纳责任的售、用电量统计。

根据《通知》要求，第一类市场主体承担与其年售电量相对应的消纳量，第二类市场主体承担与其年用电量相对应的消纳量。现实情况中，各市场主体之间存在购售交易，可再生能源消纳责任权重分配时，应对各责任主体的售、

用电量统计做如下调整：

1）售电公司、电力批发用户与发电企业的直接交易电量由电网企业结算并计入电网企业的售电量，在计算电网企业实际售电量时应予以扣除。

2）省级电网企业向省属地方电网企业、配售公司趸售电量应归入买方，计算省级电网企业实际售电量时应予以扣除。

3）自备电厂所属企业从电网企业购买的下网电量应纳入自备电厂企业实际用电量，计算电网企业实际售电量时应予以扣除。

7.4.3 典型省级可再生能源电力消纳保障实施方案设计

省级消纳实施方案主要包括年度消纳责任权重及消纳量分配、工作机制、履行方式、考核方式等。其中消纳量分配是省级实施方案设计的重点内容，也是可再生能源电力消纳保障机制实施的关键。消纳量分配主要包括两类：

一是根据指标分配对象不同，可以分为按行政区分配和按市场主体分配两类。

按行政区分配是指省级能源主管部门根据国家下发的权重指标，结合本省各地消纳测算结果，进一步向市（区）级行政机构下发相应权重指标，并由各市（区）负责指标落实，如山东省消纳实施方案。

按责任主体分配是指根据《通知》要求，向承担消纳责任权重的两类市场主体直接分配指标，其中第一类市场主体为售电企业，包括省级电网企业和省属地方电网企业和各类直接向电力用户供（售）电的电网企业、独立售电公司、拥有配电网运营权的售电公司；第二类市场主体为电力用户，包括通过电力批发市场购电的电力用户和拥有自备电厂的企业。贵州省实施方案属于按市场主体分配模式。

按行政区分配便于政府层层落实责任，但增加了测算和核算复杂程度，且与政策设计的初衷存在一定偏差。按市场主体分配消纳责任权重指标，则目标更为清晰，便于执行和操作，更能体现可再生能源电力消纳责任机制政策设计的初衷。

二是根据指标分配的形式不同，可以分为按消纳量绝对值分配和按比例分配两类。按消纳量绝对值分配是指扣除本省网损对应的可再生能源考核电量，将市场主体需要承担的可再生能源消纳责任权重指标以电量的形式下发，该方式目标明确，便于各责任主体执行。但当本省实际发生的全社会用电量超过测算值，对应的可再生能源考核电量也相应提升，有可能发生各主体已完成自身的考核消纳量，但本省总体指标没有完成的情况。因此若按百分比的形式下发，各市场主体承担的可再生能源电量将随着自身售、用电量的增减而调整，有利于市场主体完成指标考核，也有利于保障本省总体指标的完成。

综合各类分配方案，本报告推荐以百分比的形式按市场主体分配。具体分配方案可考虑等比例分配、差额比例分配以及按贡献度分配三种。

（一）等比例分配方案

等比例分配即每个市场主体以其售、用电量为基数，承担相同比例的可再生能源（非水电可再生能源）消纳责任权重，如图 7-4 所示，两类主体承担的消纳责任权重均相同。

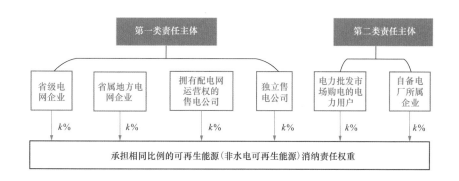

图 7-4　等比例分配方案

等比例分配方案容易理解、操作简单，适用于初期可再生能源消纳责任的落地实施，但该方案并未考虑各责任主体之间的差异以及消纳可再生能源的能力，可能导致超额消纳量以及绿证等金融性产品的交易量增加，从而加大市场和价格风险。

案 例 分 析

如表 7-10 所示，假设某省未来一年国家下发可再生能源消纳责任权重为 20%，非水电可再生能源消纳责任权重为 12%，其中：①全社会用电量为 5000 亿 kW·h，网损电量占比为 5%；②可再生能源发电量为 700 亿 kW·h，其中非水电的发电量为 500 亿 kW·h；③可再生能源上网电量为 665 亿 kW·h，其中非水电的发电量为 475 亿 kW·h；④省间交易电量为 300 亿 kW·h，其中非水电的发电量为 100 亿 kW·h。

表 7-10   **某省可再生能源消纳责任权重测算基数**   亿 kW·h

全社会用电量			5000
发电量		水电	200
		风电	200
		光伏发电	200
		生物质发电	100
上网电量		水电	190
		风电	190
		光伏发电	190
		生物质发电	95
省间交易电量	新能源发电	送出	0
		受入	100
	水电	送出	0
		受入	200

续表

可再生能源消纳责任权重	非水电消纳责任权重	12%
	总量消纳责任权重	20%

考虑网损、厂用电电量消纳责任权重调整，经测算市场主体最终承担的非水电可再生能源消纳责任权重和可再生能源消纳责任权重（简称"基准值"）分别如下：

(1) 市场主体实际承担的非水电可再生能源消纳责任权重＝12%/（1－5%）×（575/600）＝12.1%。

(2) 市场主体实际承担的可再生能源消纳责任权重＝20%/（1－5%）×（965/1000）＝20.3%。

若该省各类市场主体售（用）电量比例如表 7－11 所示，则每类市场主体承担的非水电可再生能源消纳责任权重、可再生能源消纳责任权重指标分别为 12.1% 和 20.3%。

表 7－11　　　　　　　　消纳责任权重等比例分配　　　　　　　亿 kW·h

市场主体	售、用电量占全社会用电量比例	非水电可再生能源消纳责任权重	可再生能源消纳责任权重	非水电可再生能源消纳量	可再生能源消纳量
省级电网企业	30%	12.10%	20.30%	182	305
省属地方电网企业	10%	12.10%	20.30%	61	102
拥有配电网运营权的售电公司（含增量配网）	5%	12.10%	20.30%	30	51
售电公司	20%	12.10%	20.30%	121	203
电力批发用户	20%	12.10%	20.30%	121	203
自备电厂所属企业	10%	12.10%	20.30%	61	102

（二）差额比例分配方案

差额比例分配即考虑不同市场主体消纳可再生能源可承受能力和自建

可再生能源发电能力的差异，承担不同比例的可再生能源（非水电可再生能源）消纳责任权重指标，体现了不同市场主体共同而有差别的责任。

如图7-5所示，差额比例分配方案下每类市场主体承担不同的消纳责任权重，但同类市场主体承担相同的纳责任权重。消纳能力强、潜力大，具备建设可再生能源发电实现自发自用的市场主体承担权重指标较高；电网薄弱，消纳条件差，没有土地、屋顶等资源建设可再生能源发电的市场主体承担的权重指标较低。相较于等比例一刀切的简单分配方案，差额分配从总体上考虑了各市场主体的实际消纳能力，减少不必要的超额消纳量交易、绿证交易等金融性产品交易量，差额比例分配避免了操作上的复杂性。

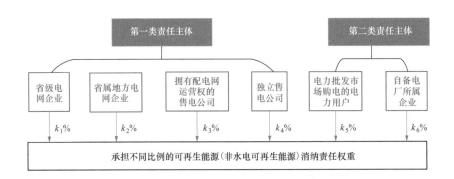

图7-5　差额比例分配方案

（1）省属地方电网企业、拥有配电网运营权的售电公司（增量配电）承担的可再生能源消纳量由两部分组成，一是经营区内的可再生能源自发自用电量；二是省级电网企业趸售电量乘以本省可再生能源发电浓度。

（2）独立售电公司、电力批发用户承担的可再生能源消纳量为其售、用电量乘以本省可再生能源发电浓度。

（3）联网自备电厂、孤网承担的可再生能源消纳量为其用电量乘以本省可再生能源发电浓度。

（4）剩余可再生能源电量的消纳责任全部由省级电网企业承担。

<h2 style="text-align:center">案 例 分 析</h2>

如表 7-12 所示，仍以上述省份进行案例分析，本案例仅计算各市场主体非水电可再生能源消纳责任权重的分配方案，可再生能源消纳责任权重分配计算与前者类似。

该省非水电可再生能源发电浓度为 12%。因此独立售电公司、电力批发用户、自备电厂所属企业承担的非水电可再生能源消纳责任权重为各自售用电量的 12%。

假设该省省属地方电网企业经营区内非水电可再生能源发电量预计 20 亿 kW·h，趸售电量预计 100 亿 kW·h，拥有配电网运营权的售电公司经营区无非水可再生能源发电量，趸售电量预计 50 亿 kW·h。则省属地方电网企业需承担 32 亿 kW·h 的非水电可再生能源消纳量，拥有配电网运营权的售电公司需承担 6 亿 kW·h 非水电可再生能源消纳量，对应的权重指标分别为 6.4%、2.4%。

剩余指标由省级电网企业承担。

表 7-12　　　　　　消纳责任权重差额比例分配方案　　　　　　亿 kW·h

市场主体	售、用电量占全社会用电量比例	非水电可再生能源消纳责任权重	可再生能源消纳责任权重	非水电可再生能源消纳量	可再生能源消纳量
省级电网企业	30%	15.8%	27.67%	237	415
省属地方电网企业	10%	6.4%	8.00%	32	40
拥有配电网运营权的售电公司（含增量配网）	5%	2.4%	4.00%	6	10
售电公司	20%	12.00%	20.00%	120	200
电力批发用户	20%	12.00%	20.00%	120	200
自备电厂所属企业	10%	12.00%	20.00%	60	100

（三）贡献度分配

贡献度分配是指同类主体内的差额比例分配，即根据各电力用户的用电负荷特性实行差异化分配，对新能源发电特性适应能力较强的主体权重指标上浮，对新能源发电特性适应能力较差的主体权重指标下调。

新能源发电具有间歇性、波动性和季节性特点，不同类型的负荷对于新能源发电的适应性不同，其中用电量大、连续供电时间长的负荷具有较好的适应性，用电量小、用电随机的负荷则难以适应新能源发电特性。根据不同负荷特点和行业类别进行权重指标分配，消纳条件较好的负荷承担更多的消纳责任权重，不仅有利于新能源实际物理量消纳，也有利于各主体和本省整体权重指标的完成。

如图 7-6 所示，对于省级电网企业、省属地方电网企业以及拥有配电网运营权的售电公司（包括增量配网）等电网企业承担相同的可再生能源消纳责任权重；独立售电公司、电力批发市场购电的电力用户、自备电厂所属企业根据售、用负荷类型进行差异化分配。

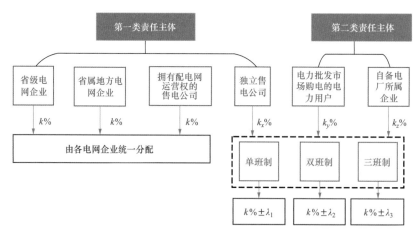

图 7-6 贡献度分配方案

按行业类别、用户类型等方式对电力用户进行分类，以体现不同电力负荷消纳新能源的贡献度。本文以电力用户班制特点进行分类：

(1) 非工业行业。该类负荷用电相对随机，在电力上难以与新能源发电实现最佳匹配，同时该类负荷用电量较小，宜在基准值基础上进行下浮。

（2）工业用电单班制负荷。该类负荷具有一定规律性，呈现工作日白天负荷大、假期及周末负荷小特点，部分时段与新能源发电匹配，宜在基准值基础上进行下浮或维持基准指标不变。

（3）工业用电两班制负荷。该类负荷可实现24h不间断生产，可随时消纳新能源电量，但因为负荷用电量有限，消纳新能源总量有限，宜维持基准值或在基准值基础上进行上浮。

（4）工业用电三班制负荷。该类负荷同样可实现24h不间断生产，同时该类企业多存在高耗能负荷，具有非常好的消纳新能源电量条件，宜在基准值基础上进行上浮。

（5）自备电厂可根据自备电厂所属企业的类别确定其消纳新能源的条件。

案 例 分 析

如表7-13所示，仍以上述案例进行分析，假设该省有两个独立售电公司分别为售电甲、售电乙；两个电力批发用户分别为批发用户甲、批发用户乙，一个自备电厂所属企业。其中售电甲代理一般工商业用户，属于单班制负荷，售电乙代理制造业用户，属于两班制，批发用户甲为三班制工业企业，批发用户乙和自备电厂所属企业为三班制高耗能企业，省级电网企业、省属地方电网企业以及拥有配电网运营权的售电公司售电对象为居民、农业等非市场化电力用户。

表 7 - 13　　　　　　　　消纳责任权重贡献度分配　　　　　　　　亿 kW·h

市场主体	售、用电量占全社会用电量比例	非水电可再生能源消纳责任权重	可再生能源消纳责任权重	非水电可再生能源消纳量	可再生能源消纳量
省级电网企业	30%	9.33%	16.09%	140	241
省属地方电网企业	10%	9.33%	16.09%	47	80

续表

市场主体	售、用电量占全社会用电量比例	非水电可再生能源消纳责任权重	可再生能源消纳责任权重	非水电可再生能源消纳量	可再生能源消纳量
拥有配电网运营权的售电公司（含增量配网）	5%	9.33%	16.09%	23	40
售电公司甲	5%	12.10%	20.30%	30	51
售电公司乙	15%	13.00%	22.00%	98	165
电力批发用户甲	5%	15.00%	25.00%	38	63
电力批发用户乙	15%	16.00%	26.00%	120	195
自备电厂所属企业	10%	16.00%	26.00%	80	130

（四）方案对比分析

如表 7-14 所示，三种分配方案中，等比例分配方案最为简单，易于理解，适用于可再生能源消纳保障机制实施的初期；差额比例分配方案操作层面较等比例分配复杂，较贡献度分配简单，但减少了各类主体间不必要的超额消纳量、绿证等金融性产品交易，同样适用于可再生能源消纳保障机制实施的初期或中期；贡献度分配方案操作最为复杂，需要对每位市场主体的权重进行差异化分配，差异化区分度难以量化，但该方案体现新能源消纳的实际物理特性，适用于市场风险较大或可再生能源消纳保障机制实施较为成熟的时期。

表 7-14 分 配 方 案 对 比

对比内容	等比例方案	差额比例方案	贡献度方案
操作执行	简单	中等	复杂
负荷特性	不考虑负荷消纳条件	仅考虑市场主体层面的消纳能力	考虑各类用户类型和消纳能力
消纳权重	相同	不完全相同	电网企业消纳责任权重相同，其他责任主体由负荷特性决定，且细分到每个主体

续表

对比内容	等比例方案	差额比例方案	贡献度方案
指标约束	各责任主体消纳量之和大于或等于本省指标要求	各责任主体消纳量之和大于或等于本省指标要求	各责任主体需完成自身责任权重外，还需进行消纳总量计算，以满足本省整体的消纳量要求

附录 1 2019 年中国新能源产业政策

附表 1-1　　　　　　　　**2019 年中国新能源产业政策及要点**

发布时间	政策名称	政策要点
2019.1.7	《国家发展改革委　国家能源局关于积极推进风电、光伏发电无补贴平价上网有关工作的通知》(发改能源〔2019〕19 号)	(1) 推进风光平价上网项目建设。在符合本省（区、市）可再生能源建设规划、国家风电、光伏发电年度监测预警有关管理要求、电网企业落实接网和消纳条件的前提下，有关项目不受年度建设规模限制。 (2) 优化平价上网项目和低价上网项目投资环境。 (3) 保障优先发电和全额保障性收购。 (4) 鼓励平价上网项目和低价上网项目通过绿证交易获得合理收益补偿。 (5) 认真落实电网企业接网工程建设责任。 (6) 促进风电、光伏发电通过电力市场化交易无补贴发展。 (7) 省级电网企业按项目核准时国家规定的当地燃煤标杆上网电价与风电、光伏发电项目单位签订长期固定电价购售电合同（不少于 20 年）。 (8) 降低就近直接交易的输配电价及收费
2019.1.22	《国家发展改革委　国家能源局关于规范优先发电优先购电计划管理的通知》(发改运行〔2019〕144 号)	(1) 纳入规划的风能、太阳能发电，在消纳不受限地区按照资源条件对应的发电量全额安排计划；在消纳受限地区，研究制定合理的解决措施，确保优先发电计划小时数逐年增加到合理水平。 (2) 优先发电价格按照"保量保价"和"保量限价"相结合方式形成。实行"保量保价"的优先发电计划电量由电网企业按照政府定价收购，实行"保量限价"的优先发电计划电量部分通过市场化方式形成价格
2019.2.1	《国家能源局综合司关于发布 2018 年度光伏发电市场环境监测评价结果的通知》(国能综通新能〔2019〕11 号)	吉林、内蒙古Ⅱ类资源地区，以及陕西的光伏发电投资环境改善，均由橙色变为绿色，西藏地区首次被列入红色预警区域
2019.3.4	《国家能源局关于发布 2019 年度风电投资监测预警结果的通知》(国能发新能〔2019〕13 号)	甘肃、新疆（含兵团）为红色预警区域，暂停风电开发建设；内蒙古为橙色预警区域，暂停新增风电项目

发布时间	政策名称	政策要点
2019.4.28	《国家发展改革委关于完善光伏发电上网电价机制有关问题的通知》（发改价格〔2019〕761号）	（1）将现行可再生能源上网标杆电价改为指导价，新增集中式光伏电站、工商业分布式项目，上网电价均通过竞争方式确定，且不得超过政府指导价。 （2）下调太阳能发电指导价。集中式光伏电站Ⅰ～Ⅲ类资源区指导价分别为0.4、0.45、0.55元/（kW·h）。"全额上网"的工商业分布式光伏，按所在资源区集中式光伏电站指导价执行。 （3）光伏扶贫项目上网电价、补贴标准保持不变。 （4）适当降低分布式项目补贴标准
2019.5.10	《国家发展改革委 国家能源局关于建立健全可再生能源电力消纳保障机制的通知》（发改能源〔2019〕807号）	（1）消纳责任权重设定：包括总量消纳责任权重和非水电消纳责任权重。 （2）各方责任：各省级能源主管部门牵头承担落实责任；售电企业和电力用户协同承担消纳责任；电网企业承担经营区实施的组织责任。 （3）完成方式：以实际消纳可再生能源电量为主要方式，超额消纳量交易和绿证交易为补充方式。 （4）考核评价：省级能源主管部门负责对市场主体进行考核，国家按省级行政区域监测评价。国家电网有限公司、南方电网对所属省级电网企业消纳责任权重组织实施和管理工作进行监测评价
2019.5.20	《国家发展改革委办公厅 国家能源局综合司关于公布2019年第一批风电、光伏发电平价上网项目的通知》（发改办能源〔2019〕594号）	（1）2019年第一批平价上网项目总规模2076万kW，其中风电451万kW、光伏发电1478万kW、分布式市场化交易项目147万kW。 （2）电网企业按项目核准时国家规定的当地燃煤标杆上网电价与风电、光伏发电项目单位签订长期固定电价购售电合同（不少于20年）。 （3）电网企业确保项目所发电量全额上网
2019.5.21	《国家发展改革委关于完善风电上网电价政策的通知》（发改价格〔2019〕882号）	（1）现行可再生能源上网标杆电价改为指导价，新增集中式陆上风电、海上风电项目，上网电价均通过竞争方式确定，且不得超过政府指导价。 （2）下调风电发电指导价。陆上风电Ⅰ～Ⅳ类资源区2019年指导价分别为0.34、0.39、0.43、0.52元/（kW·h）；2020年分别为0.29、0.34、0.38、0.47元/（kW·h）。新核准潮间带风电项目上网电价不得高于所在地陆上风电指导价。新核准近海风电项目2019年指导价为0.8元/（kW·h）；2020年为0.75元/（kW·h）

续表

发布时间	政策名称	政策要点
2019.5.24	《财政部关于下达可再生能源电价附加补助资金预算的通知》（财建〔2019〕275号）	（1）明确补贴方式。可再生能源发电项目上网电价在燃煤标杆电价以内的部分由省级电网结算，高出部分由国家补贴。补助标准＝（电网企业收购电价－燃煤标杆上网电价）／（1＋适用增值税率）。 （2）调整补贴拨付顺序。优先保障光伏扶贫、自然人分布式光伏发电、公共可再生能源独立电力系统等涉及民生项目外，其他发电项目按补贴需求等比例拨付
2019.5.28	《国家能源局关于2019年风电、光伏发电项目建设有关事项的通知》（国能发新能〔2019〕49号）	风电项目建设方案要点： （1）各省（区、市）2019年需补贴项目规模上限为，2020年规划并网目标减去已并网和已核准项目总规模。 （2）新建项目均需通过竞争性配置组织。 （3）存量项目在确保弃风持续改善的前提下并网，新增项目均以落实电力送出和达到保障利用小时数（或弃风率不超过5%）为前提条件。 光伏发电项目建设方案要点： （1）光伏发电项目分为5类管理，分别为光伏扶贫项目、户用光伏发电、普通光伏电站、工商业分布式光伏发电、专项工程或示范项目。 （2）光伏扶贫、户用光伏发电项目（2019年纳入补贴规模350万kW）单独管理，其他类项目均通过竞争性配置方式组织
2019.6.4	《国家能源局关于2018年度全国可再生能源电力发展监测评价的通报》（国能发新能〔2019〕53号）	（1）可再生能源电力消纳情况总体良好，11个省区已达国家要求2020年最低非水消纳责任权重要求。 （2）甘肃未达风电最低保障利用小时数要求，甘肃、新疆、宁夏等7个省（区）未达光伏发电最低保障利用小时数要求。 （3）特高压线路输送可再生能源电量占比过半

附录 2　2019 年世界新能源发电发展概况

截至 2019 年底，世界新能源发电❶装机容量约为 13.5 亿 kW❷，同比增长 14.4%。其中，风电装机容量为 6.2 亿 kW，约占 46%；太阳能发电装机容量约为 5.9 亿 kW，约占 44%；生物质发电及其他装机容量约为 1.3 亿 kW，约占 10%，具体如附图 2-1 所示。

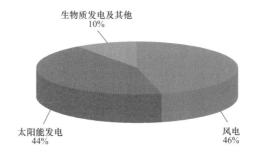

附图 2-1　2019 年世界新能源发电装机容量构成

2019 年世界分品种新能源发电累计和新增装机容量排名前 5 位国家如附表 2-1 所示。

附表 2-1　2019 年世界分品种新能源发电累计和新增装机容量排名前 5 位国家

类别	排名				
	1	2	3	4	5
风电累计装机容量	中国	美国	德国	印度	西班牙
风电新增装机容量	中国	美国	英国	印度	西班牙
太阳能光伏发电累计装机容量	中国	日本	美国	德国	印度
太阳能光伏发电新增装机容量	中国	美国	印度	日本	越南

❶　指非水电可再生能源。
❷　数据来源：IRENA：Renewable Capacity Statistics 2020。

（一）风电

世界风电装机容量增速放缓。截至 2019 年底，世界风电装机容量达到 6.23 亿 kW❶，同比增长 10.5％，增速比 2018 年提升 1.0 个百分点。2019 年世界风电新增装机容量约 5888 万 kW，同比增长 19.9％。2010－2019 年世界风电装机容量如附图 2-2 所示。

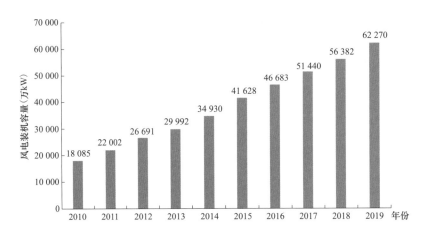

附图 2-2　2010－2019 年世界风电装机容量

亚洲、欧洲和北美仍然是世界风电装机的主要市场。2019 年，从世界风电装机的总体分布情况看，亚洲、欧洲和欧亚大陆❷和北美洲仍然是世界风电装机容量最大的三个地区，累计风电装机容量分别达到258 323 万、195 908 万、123 588万 kW，分别占世界累计风电容量的 41％、33％和 20％。如附图 2-3 所示。

中国、美国、德国、印度、西班牙位列世界风电装机容量前五强。截至 2019 年底，世界风电装机容量最多的国家依次为中国❸、美国、德国、印度、西班牙，装机容量分别为 21 048 万、10 358 万、6082 万、3751 万、2555

---

❶ 数据来源：IRENA：Renewable Capacity Statistics 2020。
❷ 俄罗斯、格鲁吉亚、阿塞拜疆、土耳其、亚美尼亚归入欧洲国家。
❸ 中国按并网口径计算。

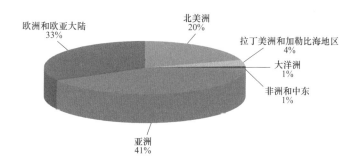

附图 2-3　2019 年世界风电累计装机容量大区分布情况

万 kW，合计占世界风电总装机容量的 70.3%。2019 年新增风电装机容量最多的国家依次为中国、美国、英国、印度、西班牙，新增装机容量分别为 2581 万、917 万、236 万、222 万、215 万 kW，中国新增风电装机容量居世界第一，约占全球风电新增装机容量的 43.8%。

海上风电发展呈现地域较为集中的特点。截至 2019 年底，海上风电累计装机容量为 2831 万 kW，约占世界风电总装机容量的 4.5%；2019 年新增海上风电装机容量约 468 万 kW，约占世界风电新增装机容量的 7.9%。截至 2019 年底，海上风电装机容量排名前 3 位的国家依次为英国（其海上风电装机容量为 995 万 kW）、德国（其海上风电装机容量为 751 万 kW）、中国（其海上风电装机容量为 593 万 kW）。

（二）太阳能发电

1. 光伏发电

全球光伏发电装机容量仍然保持快速增长。截至 2019 年底，世界光伏发电装机容量达到 57 981 万 kW❶，同比增长 19.3%；新增装机容量达到 9398 万 kW，同比回落 0.8%。2010—2019 年世界光伏发电装机容量如附图 2-4 所示。其中，亚洲光伏发电装机容量达到 32 978 万 kW，占世界光伏发电装机容量的 56.9%；新增装机容量为 5586 万 kW，占世界光伏发电新增装机容量

---

❶　数据来源：IRENA：Renewable Capacity Statistics 2020。

的 59.4%。

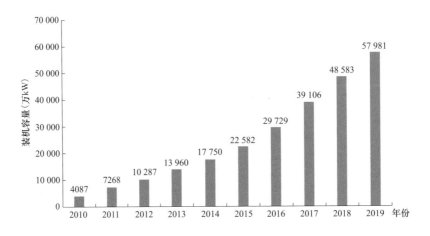

附图 2-4　2010—2019 年世界光伏发电装机容量

中国、日本、美国、德国、印度成为全球累计光伏发电装机容量前五名。截至 2019 年底，世界光伏发电累计装机容量最多的国家依次为中国、日本、美国、德国和印度，装机容量分别为 20 430 万、6184 万、6054 万、4896 万、3483 万 kW。日本光伏发电装机容量继续保持增长，累计装机容量全球第四位；美国光伏发电增长迅速，排名前进至第二；越南光伏发电取得突破性进展，新增装机容量排名第五；印度光伏发电装机容量增长迅速，成为全球排名第三位的国家；中国光伏发电持续快速发展，累计装机容量继续保持世界第一位。

中国新增光伏发电装机容量继续保持世界第一位。2019 年，世界光伏发电新增装机容量排名前五位的国家依次为中国、美国、印度、日本和越南，新增容量分别为 3036 万、911 万、770 万、634 万 kW 和 559 万 kW。

2. 光热发电

世界光热发电装机容量稳步增长。截至 2019 年底，世界光热发电装机容量为 628 万 kW，同比增长 10.7%，2010—2019 年世界光热发电装机容量如附图 2-5 所示❶。

---

❶　数据来源：IRENA：Renewable Capacity Statistics 2020。

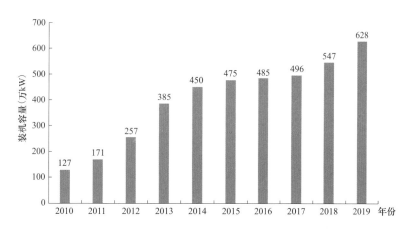

附图 2 - 5　2010－2019 年世界光热发电装机容量

附录 3 世界新能源发电数据

附表 3 - 1   截至 2019 年底世界分品种新能源发电装机容量   百万 kW

类型	国家（地区）							
	世界	欧盟	美国	德国	中国	西班牙	意大利	印度
风电	623	191	104	61	210	26	11	38
太阳能光伏发电	580	130	61	49	204	9	21	35
生物质发电	124	41	13	10	17	1	4	10
地热发电	14	1	3	0	0	0	1	0
合计	1341	363	181	120	431	36	37	83

数据来源：IRENA，Renewable Capacity Statistics 2020。

注 中国按并网口径计算。

附表 3 - 2   截至 2019 年底世界排名前 16 位国家风电装机规模   万 kW

序号	国家	装机容量	序号	国家	装机容量
1	中国	21 005	9	加拿大	1341
2	美国	10 358	10	意大利	1076
3	德国	6082	11	瑞典	889
4	印度	3751	12	土耳其	759
5	西班牙	2555	13	澳大利亚	727
6	英国	2413	14	丹麦	612
7	法国	1626	15	波兰	592
8	巴西	1536	16	葡萄牙	523

数据来源：IRENA，Renewable Capacity Statistics 2020。

注 中国按并网口径计算。

附表 3-3　截至 2019 年底世界排名前 16 位国家光伏发电装机规模　　万 kW

序号	国家	装机容量	序号	国家	装机容量
1	中国	20 430	9	法国	1056
2	日本	6184	10	韩国	1051
3	美国	6054	11	西班牙	876
4	德国	4896	12	荷兰	673
5	印度	3483	13	土耳其	600
6	意大利	2090	14	乌克兰	594
7	澳大利亚	1593	15	越南	570
8	英国	1340	16	比利时	453

数据来源：IRENA：Renewable Capacity Statistics 2020。

注　中国按并网口径计算。

附录 4　中国新能源发电数据

附表 4 - 1　　　　2019 年中国各电网风电装机容量及发电量

区域	风电装机容量 （万 kW）	电源总装机容量 （万 kW）	占比	风电发电量 （亿 kW·h）	总发电量 （亿 kW·h）	占比
全国	21 005	201 066	10.4%	4057	73 253	5.5%
北京	19	1304	1.5%	3	461	0.7%
天津	60	1842	3.3%	11	673	1.6%
河北	1639	8319	19.7%	318	2887	11.0%
山西	1251	9249	13.5%	224	3253	6.9%
内蒙古	3007	13 049	23.0%	666	5452	12.2%
辽宁	832	5370	15.5%	183	1992	9.2%
吉林	557	3122	17.8%	115	926	12.4%
黑龙江	611	3246	18.8%	140	1088	12.9%
上海	81	2664	3.0%	17	837	2.0%
江苏	1041	13 288	7.8%	184	5062	3.6%
浙江	160	9789	1.6%	33	3544	0.9%
安徽	274	7394	3.7%	47	2880	1.6%
福建	376	5909	6.4%	87	2573	3.4%
江西	286	3782	7.6%	51	1403	3.6%
山东	1354	14 044	9.6%	225	5285	4.3%
河南	794	9306	8.5%	88	2816	3.1%
湖北	405	7862	5.2%	74	2973	2.5%
湖南	427	4669	9.1%	75	1551	4.8%
广东	443	12 824	3.5%	71	4851	1.5%
广西	287	4617	6.2%	61	1827	3.3%
海南	29	918	3.2%	5	345	1.4%
重庆	64	2443	2.6%	11	811	1.4%

续表

区域	风电装机容量 （万 kW）	电源总装机容量 （万 kW）	占比	风电发电量 （亿 kW·h）	总发电量 （亿 kW·h）	占比
四川	325	9929	3.3%	71	3903	1.8%
贵州	457	6599	6.9%	78	2243	3.5%
云南	863	9525	9.1%	242	3464	7.0%
西藏	1	327	0.3%	0.2	84	0.2%
陕西	532	6242	8.5%	83	2221	3.7%
甘肃	1297	5268	24.6%	228	1659	13.7%
青海	462	3168	14.6%	66	883	7.5%
宁夏	1116	5296	21.1%	186	1703	10.9%
新疆	1956	9700	20.2%	413	3606	11.5%

数据来源：中国电力企业联合会《2019 年全国电力工业统计快报》。

附表 4-2　　　　　　　　2019 年中国太阳能发电装机容量及发电量

省（区、市）	太阳能 装机容量 （万 kW）	电源总 装机容量 （万 kW）	占比	太阳能 发电量 （亿 kW·h）	总发电量 （亿 kW·h）	占比
全国	20 468	201 066	10.2%	2238	73 253	3.1%
北京	51	1304	3.9%	5	461	1.1%
天津	143	1842	7.8%	15	673	2.2%
河北	1474	8319	17.7%	176	2887	6.1%
山西	1088	9249	11.8%	128	3253	3.9%
内蒙古	1081	13 049	8.3%	163	5452	3.0%
辽宁	343	5370	6.4%	42	1992	2.1%
吉林	274	3122	8.8%	40	926	4.3%
黑龙江	274	3246	8.4%	32	1088	2.9%
上海	109	2664	4.1%	8	837	1.0%
江苏	1486	13 288	11.2%	154	5062	3.0%
浙江	1339	9789	13.7%	119	3544	3.4%

续表

省（区、市）	太阳能装机容量（万 kW）	电源总装机容量（万 kW）	占比	太阳能发电量（亿 kW·h）	总发电量（亿 kW·h）	占比
安徽	1254	7394	17.0%	125	2880	4.3%
福建	169	5909	2.9%	16	2573	0.6%
江西	630	3782	16.7%	56	1403	4.0%
山东	1619	14 044	11.5%	167	5285	3.2%
河南	1054	9306	11.3%	102	2816	3.6%
湖北	621	7862	7.9%	57	2973	1.9%
湖南	344	4669	7.4%	26	1551	1.7%
广东	610	12 824	4.8%	53	4851	1.1%
广西	135	4617	2.9%	14	1827	0.8%
海南	140	918	15.3%	14	345	4.1%
重庆	65	2443	2.7%	3	811	0.4%
四川	188	9929	1.9%	28	3903	0.7%
贵州	510	6599	7.7%	20	2243	0.9%
云南	375	9525	3.9%	48	3464	1.4%
西藏	110	327	33.6%	13	84	15.5%
陕西	939	6242	15.0%	91	2221	4.1%
甘肃	924	5268	17.5%	118	1659	7.1%
青海	1122	3168	35.4%	158	883	17.9%
宁夏	918	5296	17.3%	115	1703	6.8%
新疆	1080	9700	11.1%	131	3606	3.6%

数据来源：中国电力企业联合会《2019 年全国电力工业统计快报》。

附录 5 REC - Map 模型介绍

目前，比较不同类型发电技术经济性的常用指标是平准化度电成本（levelized cost of energy，LCOE）。LCOE 模型是一种被广泛认同的发电成本计算方法，但常用的 LCOE 模型未充分考虑本地政策、资本结构、系统运营成本等影响因素，考虑这些因素对新能源发电经济性的影响越来越大，国网能源研究院有限公司提出了 REC - Map 计算模型。该模型充分考虑了国内不同省份在征地成本、地形特点、施工周期等方面导致的初始投资差异、国家和地方层面的财税政策与补贴、资本收益率预期变化等情况，以及新能源由于出力波动承担的系统运营成本。

（一）度电成本的计算公式

本模型计算公式的基础是"收入的净现值等于成本的净现值"这一等式：

$$\sum_{n=0}^{N} \frac{\text{REV}_n}{(1+r)^n} = \sum_{n=0}^{N} \frac{\text{COST}_n}{(1+r)^n}$$

式中：N 为运营年限；REV_n 为第 n 年的收入；COST_n 为第 n 年的成本；r 为折现率。

年收入可用度电成本乘以年发电量表示，因此可得度电成本的计算公式如下：

$$\text{REC} = \frac{I_0 + V_R(1+r)^{-n} + \sum\limits_{n=0}^{N}(C_n - B_n)(1+r)^{-n} + R_I + R_E}{\sum\limits_{n=0}^{N} A_n(1+r)^{-n}}$$

式中：REC 为度电成本；C_n 为运营支出；A_n 为年发电量；B_n 为其他收入；I_0 为总投资；V_R 为残值；R_I 为内在因素成本，主要包括例如运营维护中由于人口管理费用变动所引发的成本，或者新能源发电技术运营中由非预期事件造成发电量的变化所引发的成本等内在影响因素的风险成本；R_E 为外部因素风险成本，主要包括例如财税、金融政策变动等外部因素变化所引发的成本。

（二）计算步骤

REC - Map 模型计算步骤如下：

第一步，确定计算边界。本模型所需的计算边界有投资成本、运维成本、消纳情况、土地成本、系统运营成本和其他影响成本的因素。其中其他影响成本的因素主要包括财税政策、目标收益率、地方政策等。

第二步，确定计算参数。根据计算边界确定计算公式中的各参数。其中，总投资 I_0 由计算边界中的投资成本、土地成本、其他因素确定。年发电量 A_n 由消纳情况确定。残值 V_R 由投资成本和折旧参数确定。外部因素风险成本 R_E 和内在因素成本 R_I 主要由其他影响成本的因素决定。

第三步，计算度电成本、输出结果。将计算参数代入公式计算度电成本，然后输出计算结果并绘制成本地图。

在进行度电成本的预测时，计算步骤相同，但是计算边界需要确定至预测年。

REC - Map 模型计算步骤如附图 5 - 1 所示。

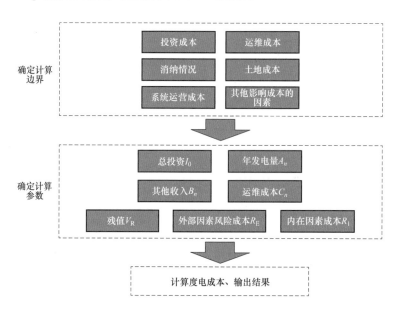

附图 5 - 1 REC - Map 模型计算步骤

参 考 文 献

［1］ IEA. Renewable Information 2019. Paris，2019.

［2］ IRENA. Renewable Capacity Statistics 2019. Abu Dhabi，2017.

［3］ BP. Statistical Review of World Energy 2019. London，2019.

［4］ GWEC. 全球风电市场发展报告 2019. Brussels，2019.

［5］ REN21. 2018 年全球可再生能源现状报告 . Paris，2019.

［6］ 中国电力企业联合会 . 2019 年电力工业统计快报 . 北京，2019.

［7］ 中国光伏产业联盟 . 2019 年中国光伏产业发展报告 . 北京，2019.

［8］ 国家电网公司发展策划部，国网能源研究院 . 国际能源与电力统计手册（2019 版）. 北京，2019.

［9］ 国家统计局 . 中国统计年鉴（2019）. 北京，2019.